白崎茶会の

酵食
発定

對身體友善的菜單與常備菜

白崎裕子

歡迎來到"好事多多"的發酵世界

提到「發酵定食」似乎總會給人一種很費事的感覺，對吧？
但實際上，是一件根本不需要花費什麼力氣的事情喔。

發酵食品就算不全然是純手工，
只要有遵循古法製作的「味噌」或醬油，
就已經可以算是發酵食品了。
如果還能加上「甘酒」與「梅醋」，那就堪稱無敵。
這些元素巧妙的組合變化，在沒有時間的時候也能簡單做。
而本書就是要將一年四季，春夏秋冬都能充滿樂趣的菜色，介紹給大家。

以簡單的食材與作法，做出那些需要花費時間烹煮的滋味，
或是彷彿利用複雜的調味料所組合成的味道，以及使用濃縮高湯塊，
烹調出濃郁的風味與濃稠質感，這些都可以在舉手之間完成。
正是因為發酵食品本身具有構成美味的「鮮味」、「甜味」、「香味」、『濃稠質感』
這些要素的特質。

這是一件多好的事啊，料理自然的就會變好吃，不僅是享用餐點的家人們，
連做出這些料理的你，都會覺得驚訝。

不但如此，發酵食品每天會有些許微妙的變化，令人百吃不厭。
不論是提鮮的鮮味調味劑、或者是砂糖、○○素、△△醬都不再需要，
冰箱也會變得俐落清爽。

對了對了！冰箱一旦有了空間，請務必做一些米糠醬菜，
這樣每天下廚就更會變得更輕鬆，真的非常非常棒喔！

「發酵食品」超級棒的優點！

延長保存

日本十分重視發酵食品這種源自沒有冰箱時代的保存智慧。發酵可抑制導致腐敗的細菌，讓食物的保存性提高。此外，以麴類為首、納豆菌、乳酸菌等，藉由發酵所產生的成分，亦有殺菌的效果。

美味自然生成！

在提高保存性的同時，透過時間的催化進行熟成。食材本身所具有的酵素，讓風味飛躍式的提升，醣份與蛋白質分解發酵後，產生特有的鮮味成分。就算不特別做些什麼，美味亦會自然天成，這是發酵食品的魅力之一。

有益腸道健康

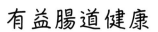

如同優格與納豆給人的印象，發酵食品所含的益菌可為身體帶來好的作用。僅需透過攝取發酵食品，就可以讓身體的惡玉菌減少，改善腸道環境。腸道只要健康，不僅排便順暢，亦有提高免疫機能，預防生活習慣病發生的效果。

變柔軟

在發酵調味料所含的酵素作用下，魚、肉的蛋白質經過分解會變得柔軟。例如P15的「發酵洋蔥醬」，魚肉在鹽麴的作用下會變得柔軟、鮮味提升、保存期延長，具有許許多多的好處。

不需要砂糖

砂糖在烹調中常被用來增加風味的深度、帶來甜味。本書則以「甘酒」本身所帶有的自然甜味，與濃郁風味增加菜色變化。這些食譜最適合介意因為甜點與外食，而造成糖份攝取過量的人。

推薦常備的發酵食材

鹽麴

☞ 歷史悠久的鮮味發酵調味料

以鹽與米麴製成的萬能調味料。不管是用在和洋中哪種料理，都能讓食材本身的鮮味提升。用來做為魚、肉的事前調味、煮物、醬料等，有著搭配性極強的魅力。可取代鹽用在任何地方。

甘酒

☞ 取代砂糖的調味料

不僅直接飲用也非常美味，更是日常菜色中的要員。具有濃稠度、鮮味、甜味，亦可做為咖哩或湯品的基底。本書使用可以長期保存的濃縮款，提醒大家與飲料用濃度較稀的甘酒不同。

漬物

☞ 越熟成越美味

漬物的總類繁多，有必備的米糠醬菜、酒粕漬、味噌漬、各式酸菜等。不僅具有攝取礦物質與乳酸菌的健康效果，亦有來自醃漬產生的鮮味，用來入菜非常方便。

活躍於各種料理，必備的發酵調味料與食材。
作為「發酵定食」的第一步，請務必準備齊全。

味噌

☞ 濃縮了大豆的鮮味與米麴的甜味

不管哪個家庭都有的基礎調味料，配合喜好挑選、或是自家製作，讓發酵世界變得更寬廣。依照豆粒的種類，熟成程度的不同，風味會有所改變。和洋中各種料理都可以仰賴的味噌。

納豆

☞ 選國產的優質美味使用

種類豐富的納豆富含納豆菌。大豆蛋白質在分解下會增生氨基酸，發酵而成的美味。推薦選用國產原料遵循古法所製造的納豆。

豆漿優格

☞ 每天都想吃的基本發酵食品

以豆漿發酵而成的優格，就算不使用乳製品，也可以產生乳香，圓潤風味時不可或缺的材料。富含植物性蛋白質與大豆異黃酮。當然也可以使用一般的優格。

目錄

Part1 春夏的發酵定食

發酵洋蔥醬 ☐
洋蔥醬鬆軟鮭魚排
發酵洋蔥湯
發酵洋蔥淋醬

鹽麴鰹魚唐揚與炸蘆筍
櫻桃蘿蔔與新洋蔥鹽麴淺漬
芝麻鹽飯
新洋蔥與櫻桃蘿蔔葉味噌湯

甘酒法式沙拉醬 ☐
海瓜子白味噌薑黃湯
雜糧飯
甜豆莢綠花椰菜熱沙拉

白酒白味噌蒸鯛魚與海瓜子
西洋菜拌飯
白味噌檸檬醬

簡易米糠醬菜 ☐
納豆與四季豆的炸什錦
黑米飯
山藥白味噌湯

快煮甘酒海瓜子 ☐
鴨兒芹飯
海瓜子清湯

Part2 秋冬的發酵定食

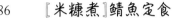

本書的規則

* 發酵定食以能夠事先做好備用的發酵食品為基礎，所設計的菜色。

  不論是主菜或配菜、湯品等，均可依照自己的喜好更動。

* 鹽麴、甘酒、味噌為自製品，作法介紹於本書中。

  當然使用市售商品（推薦產品 P108～）也一樣能夠製作。

* 1大匙為15ml、1小匙為5ml、1杯為200ml，均為平匙計量。

* 調味料若無特別記載時，醬油為濃口醬油。

  鹽為海鹽（以海水100%為原料製成），醋使用米醋。

* 市售的味噌與鹽麴、醬油的鹽分含量各有差異，請嚐過味道後酌量調整。

* 作法省略蔬菜去皮等手續說明。

* 有關於調理器具。平底鍋為鐵鍋，鍋子使用不鏽鋼鍋。

  依照鍋具材質厚薄，加熱時間與狀態會有差異，請將食譜的時間視為參考值。

* 常備的發酵食品，參考保存期僅為概略的參考。

  依照使用材料、調理環境等會有所差異，敬請確認狀態後進行調理·保存。

Part 1

春夏的發酵定食

氣溫逐漸升高，開始想吃點清爽料理的季節。
活用發酵的智慧，大量的享用當季的蔬菜吧。
只有要常備的發酵保存食品，不需花費太多時間就可以完成一餐！
在此介紹不論是主菜或配菜、湯品，一點也不會剩下的活用食譜。
不僅非常適合每天的晚餐，用於週末的早餐或午餐也非常便利。

「發酵洋蔥醬」魚排定食

發酵洋蔥淋醬➡P17

發酵洋蔥湯➡P17

洋蔥醬鬆軟鮭魚排➡P16

只要有「發酵洋蔥醬」，除了當作主要用途的醃漬基底外，
不論是湯品或是調味，可以變化出許多菜色。
不僅如此，材料僅需3種，準備好之後攪拌均勻即可。

發酵洋蔥醬

烹煮後容易乾柴的
鱈魚或者旗魚、
雞胸肉等，
醃漬後就會變得
鬆軟濕潤。
如果使用新洋蔥製作，
清爽又美味。

(參考保存期
冷藏一週)

材料

洋蔥……1個（200g）
鹽麴（自家製 P54）……100g
醋……2小匙

作法

① 洋蔥磨成泥。

② 將所有材料混合均勻。

Point

添加醋可以讓辣味消失，也有利於保存。
也可以不用磨泥器，以手持調理棒或食物調理機打成泥，打至滑順的泥狀。

➡加入咖哩中
醃漬過的肉或魚類，可以跟醃漬
時所使用的醃料一起烹煮。就算
沒有咖哩塊，只要有油與咖哩粉，
就可以作成清爽的健康咖哩。

➡好好吃馬鈴薯沙拉
燙熟的馬鈴薯趁熱加入熱洋蔥醬
搗成泥，再加上美乃滋（自家製
P93）與其它材料，就可以作出
專賣店的味道。

➡即席湯品的高湯
2大匙發酵洋蔥醬加上1杯水或
昆布水（P27），僅需加熱就是
1人份的湯品。配菜可依照個人
喜好。

發酵洋蔥與大蒜的香氣，
令人食慾大增的
一道菜色。
吃慣了的烤魚，
僅僅醃漬就可以帶來
更多樂趣。

[主菜] 洋蔥醬鬆軟鮭魚排

材料（2人分）

生鮭魚（魚排）……2塊
A　發酵洋蔥醬……4大匙
　　橄欖油……1大匙
　　大蒜（切片）……1瓣

作法

① 將材料A於調理盤上混合均勻，抹在鮭魚上緊貼保鮮膜靜置15分鐘以上。

② 將步驟1置於冷的平底鍋，以較弱的中火慢慢的將兩面煎熟後盛盤。

③ 將殘留於鍋中的醬汁略微加熱收汁，淋在步驟2上。佐以炒過的綠色蔬菜。

Point

抹上洋蔥醬的鮭魚，於冷藏室中靜置一晚，鬆軟多汁的效果會更好。

[湯品] 發酵洋蔥湯

材料（2人分）

發酵洋蔥醬……4大匙
馬鈴薯……1大個
小番茄……6～8個
綠花椰菜……2～3小朵
水……400ml
昆布……5cm見方1片
鹽、黑胡椒……少許

作法

① 將馬鈴薯切成1口大小，加入發酵洋蔥醬混合均勻後靜置5分鐘。

② 將步驟1與水放入鍋中，加入撕成小塊的昆布，以中火加熱，沸騰後撈除浮沫，蓋上鍋蓋以小火加熱10～15分鐘至馬鈴薯煮軟。

③ 加入小番茄與花椰菜，繼續加熱5分鐘。以鹽、黑胡椒調味。

Point

放入1/3片月桂葉與昆布一同烹煮，如同西式高湯的風味。

[調味料] 發酵洋蔥淋醬

材料（便於操作的份量）

發酵洋蔥醬……3大匙
檸檬汁……1大匙
植物油……1大匙

作法

所有的材料充分混合均勻，可淋在生菜或沙拉上享用。

「鹽麴」鰹魚唐揚定食

鹽麴鰹魚唐揚與炸蘆筍

芝麻鹽飯

新洋蔥與櫻桃蘿蔔葉味噌湯

以鹽麴做為鰹魚唐揚的調味，
可以帶出食材本身的滋味，
輕鬆使用鹽麴替代鹽，讓食譜更具風味。

[主菜] 鹽麴鰹魚唐揚與炸蘆筍

材料（2人分）

鰹魚……1/2塊（150g）

蘆筍……6根

鹽麴（自家製 P54）
……1又1/2大匙

大蒜……1瓣

生薑……1塊

太白粉、炸油……各適量

檸檬（月牙形）……1塊

可以享受到鰹魚濃縮的鮮味，
與生食的鰹魚不同，
完全沒有腥味。
很適合當作便當菜，
或常備菜。

作法

① 大蒜、生薑磨成泥。蘆筍切成適當大小，鰹魚切成1口大小。

② 將大蒜、生薑、鹽麴、鰹魚放入塑膠袋中，充分混合均勻，放入冷藏室中靜置30分鐘～一晚。

③ 將太白粉放入另外的塑膠袋中，放入步驟2的鰹魚，讓塑膠袋中充滿空氣，搖晃袋子，使鰹魚均勻的沾裹上太白粉。

④ 將蘆筍放入加熱至中溫的油鍋中，稍微炸一下，接著放入步驟3炸至酥脆。以器皿裝盛，佐以檸檬。

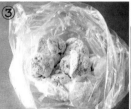

[湯品] 新洋蔥與櫻桃蘿蔔葉味噌湯

材料（2人分）

新洋蔥……1個

櫻桃蘿蔔葉……適量

昆布水（P27）……300ml

味噌（自家製 P58）
……2大匙

鹽……1小撮

作法

① 將新洋蔥與櫻桃蘿蔔葉粗略的切好。

② 將昆布水與新洋蔥、鹽放入鍋中，以小火加熱。沸騰後繼續加熱10分鐘，煮至洋蔥變軟，加入櫻桃蘿蔔葉與味噌。

[配菜] 櫻桃蘿蔔與新洋蔥鹽麴淺漬

材料（2人分）

櫻桃蘿蔔……10個

新洋蔥……1/4個
（喜歡的蔬菜共200g）

鹽麴（自家製 P54）
……1又1/3大匙

醋……1又1/3小匙

作法

① 櫻桃蘿蔔對半切，洋蔥切的比櫻桃蘿蔔小一些。

② 將所有材料放入塑膠袋中拌勻，靜置於常溫30分鐘。

[飯] 芝麻鹽飯

材料（2人分）

五分精米的白米飯……2碗

芝麻鹽……適量

作法

1大匙黑芝麻與1小匙鹽放入平底鍋，以非常小的小火加熱，加熱至鍋中芝麻有1～2粒開始彈跳立即熄火，直接置於鍋中放涼。依照喜好酌量撒在以飯碗裝盛好的白飯上。

＊五分精米的0分是精米程度的標示。糙米為0、一般的白米為10，五分就是介於兩者之間。

海瓜子「白味噌」湯泡飯定食

甜豆莢綠花椰菜熱沙拉

雜糧飯

海瓜子白味噌薑黃湯

這是一道融合了海瓜子高湯與白味噌的甜味、
鮮味，製成的湯品，淋在飯上享用。
沙拉的特色是使用由甘酒製成的淋醬。

[湯品] 海瓜子白味噌薑黃湯

材料(2人分)

海瓜子(吐沙完成)……300g
洋蔥……1個
白味噌(自家製 P60)……2大匙
豆漿……100ml
水……300ml
薑黃……1/2小匙
鹽、黑胡椒……各少許
植物油……1又1/2大匙
雜穀飯、西洋菜、檸檬……各適量

Point

推薦調味時口味稍微重一些。

作法

① 將切成末的洋蔥與沙拉油放至鍋中,以小火炒至洋蔥軟化後,加入薑黃繼續拌炒均勻。

② 加入水100ml與海瓜子蓋上鍋蓋,煮至海瓜子半開口後去殼。

③ 接著加入200ml的水,煮滾之後撈除浮沫。

④ 加入白味噌與豆漿續煮,以鹽、黑胡椒調味。將煮好的湯淋在以飯碗裝盛好的雜穀飯上,佐以西洋菜與檸檬享用。

[配菜] 甜豆莢綠花椰菜熱沙拉

材料(2人分)

花椰菜……2小朵
甜豆莢……6個
甘酒法式沙拉醬
　……1～2大匙

作法

甜豆莢撕除粗筋,對半切。綠花椰菜切小一點。以鹽水略微燙過後充分瀝除水分,趁熱淋上沙拉醬。

甘酒法式沙拉醬

材料(便於操作的份量)

A　甘酒(濃縮款‧自家
　　製 P56)……2大匙
　　醋……2大匙
　　鹽……1小匙
　　大蒜(磨成泥)
　　　……1/3小匙
　　白醬油……少許
植物油……2大匙

作法

① 將材料 A 放入缽盆中以攪拌器充分攪拌,將鹽溶解。

② 少量多次加入油,朝同一個方向攪拌進行乳化,乳化之後完成。

(參考保存期
　冷藏一週)

[飯] 雜糧飯

材料(2人分)

白米……1杯
雜糧(大麥、薏仁、小米、稗米等)
　……2大匙
鹽……1小撮

作法

① 白米洗淨後放入鍋中,加入正常煮飯的水量。將雜糧放入較小的缽盆中,加入大量的清水浸泡30分鐘以上。

② 將雜糧充分瀝乾後加入白米,加入1小撮鹽混合均勻後,以正常煮飯的方法烹煮。

Point

搭配湯品使用的雜糧飯推薦煮的比平時硬一點點。

白酒〔白味噌〕蒸海鮮定食

白酒白味噌蒸鯛魚與海瓜子

白味噌檸檬醬

西洋荣拌飯

以白味噌醃漬過的白肉魚，再加上蔬菜蒸煮
就會變成 "義式水煮魚 Acqua pazza" 風格的菜色！
與大量蔬菜一同享用的檸檬醬，也是發酵食品。

[主菜] 白酒白味噌蒸鯛魚與海瓜子

材料（2人分）

鯛魚（或鱸魚、鱈魚切片）
　……2片（250g）
白味噌（自家製 P60）
　……1又1/2大匙
海瓜子（吐沙完成）……150g
新洋蔥……1/2個
小番茄……8～10個
甜豆莢……3～4個
西洋菜……適量
大蒜……2瓣
橄欖油……1又1/2大匙
白酒……100ml
鹽、黑胡椒……各適量

可替換：
白味噌⇨鹽麴略少的1大匙

Point

在塗抹白味噌時，也可放入
塑膠袋中揉搓，會比較簡便。

作法

① 鯛魚撒上鹽、黑胡椒後抹上白味噌，靜置於冷藏室中30分鐘～一晚。新洋蔥切成絲，甜豆莢撕除粗筋後對半斜切，大蒜切末。

② 將橄欖油倒入平底鍋，以小火加熱。鯛魚皮面朝下放入鍋中，煎至兩面上色。

③ 將大蒜、海瓜子、新洋蔥、小番茄、放入鍋中，加入白酒後蓋上鍋蓋，加熱至沸騰，放入甜豆莢轉小火，加熱至海瓜子開口。加入鹽、黑胡椒調味，依照喜好佐以西洋菜。

[調味料] 白味噌檸檬醬

材料（2人分）

白味噌（自家製 P60）……2大匙
橄欖油……1大匙
檸檬汁……1又1/2小匙

作法

將所有材料混合均勻。佐以嫩高麗菜或胡蘿蔔、芹菜條享用。

Point

白味噌鹽分較低，最適合作為蔬菜條的蘸醬。

[飯] 西洋菜拌飯

材料（2人分）

五分精米的白米飯……2碗
西洋菜……1把
鹽……1小撮
橄欖油……少許

作法

西洋菜切碎後撒上鹽，靜置到西洋菜生水後擰乾。加入橄欖油，再與白飯混合均勻，最後以鹽（分量外）調味。

『米糠醬菜』與
納豆炸什錦定食

簡易米糠醬菜

納豆與四季豆的炸什錦⇨P26

山藥白味噌湯⇨P27

黑米飯⇨P27

以色彩鮮豔與口感爽脆的米糠醬菜為主角，
搭配酥脆的納豆炸什錦，
令人高度滿足與健康的一餐。

簡易米糠醬菜

最適合作為發酵入門！
氣溫較高或者忙碌時，
只需放入冷藏室中，
就可免去每日翻動
米糠床的步驟。
要不要嘗試
以自己喜歡的蔬菜，
隨心製作的米糠漬？

材料
生米糠……500g
水……500g
鹽……5g
馬鈴薯……2～3小個
喜歡的蔬菜
　　……份量隨意

作法

① 將生米糠加入鹽混合均勻。

② 中間挖開一個凹槽加水，混合均勻。

③ 移至保存容器中，放入去皮切成厚片的馬鈴薯醃漬（馬鈴薯容易發酵）。

④ 經過一天之後，取出馬鈴薯，並且在容器上以手擰乾馬鈴薯的水分後，混合均勻。

⑤ 喜歡的蔬菜表面以鹽揉過靜置片刻後，充分擦乾表面水分。

⑥ 將步驟5的蔬菜埋入表面整平後的米糠床中，再將米糠覆蓋其上，醃漬半天～一天左右。

Point

· 米糠床尚未發酵前，要避免醃漬洋蔥或大蒜。米糠床如果過濕就挖一個凹槽，放入小酒杯等在凹槽中讓水可以排入酒杯中舀除。
· 步驟4取出的馬鈴薯，可以漂水之後切絲，與胡蘿蔔一起炒很好吃。
· 追加生米糠時加入米糠1/10的鹽，充分混合後將表面整平，靜置數日。
· 想要減少米糠份量時，可參考P90的米糠煮物！

25

油炸之後，
納豆特有的味道會消失，
變成鬆軟輕盈的口感。
這道食譜使用
扁扁的長扁豆。

[主菜] 納豆與四季豆炸什錦

材料（2人分）

納豆（大顆）……2盒
長扁豆等喜歡的蔬菜
　　……50g
A｜米粉……30g
　｜水……30～35g
　｜小蘇打……1小撮
炸油……適量
生薑、醬油……各適量

作法

① 將 A 置於缽盆中混合均勻製成麵糊。
② 將納豆與切成適當大小的長扁豆混合均勻，攪拌至產生黏性
③ 將步驟 1 加入步驟 2 中，以湯匙放入中溫的油鍋中，炸至酥脆。起鍋後瀝乾多餘的油分盛盤。佐以生薑泥與醬油享用。

[湯品] 山藥白味噌湯

材料（2人分）

山藥……1/3條（100g）

白味噌（自家製 P60）……2～3大匙

昆布……10g

可替換：白味噌⇨味噌1又1/2大匙

作法

① 製作昆布水。將昆布放入400ml的水中，於冷藏室中浸泡一晚（泡完的昆布可以使用在米糠床中）。

② 將山藥切成5mm厚圓片，稍微泡一下水。瀝除多餘水分後放入鍋中，加入1小撮鹽（分量外）以中火加熱。沸騰後撈除浮沫煮至山藥變透明，加入白味噌。

[飯] 黑米飯

材料（2人分）

七分精米的白米（或者精白米）……1杯

黑米……1大匙

鹽……1小撮

作法

① 將洗好的白米與黑米放入鍋中，加入比平時煮飯時多1大匙的水浸泡1個小時。

② 開大火沸騰後加入鹽，轉小火，蓋上鍋蓋加熱15分鐘。熄火後燜15分鐘。

快煮「甘酒」海瓜子定食

快煮甘酒海瓜子

鴨兒芹飯

海瓜子清湯

以甘酒烹調，可以煮出多汁飽滿的貝類。
香氣豐富，簡單又奢侈的一湯一菜，
如果沒有鴨兒芹，也可以用時蔬替代。

快煮『甘酒』海瓜子

材料（2人分）

海瓜子……1kg（去殼後150g）

酒……100ml

A ｜ 醬油……1又1/2大匙～
｜ 甘酒（濃縮款・自家製 P56）
｜ ……3大匙
｜ 生薑（切末）……15g

紅辣椒（切圈）……1/2根

參考保存期
冷藏4～5日

作法

① 海瓜子放入3%的鹽水（水1L＋鹽2大匙）中靜置1小時左右吐沙，換清水靜置10分鐘左右，稍微搓洗後撈起。

② 將海鍋子與酒放入鍋中，蓋上鍋蓋以中火加熱。其間輕輕搖晃鍋子，加熱2～3分鐘至海瓜子開口。

③ 將海瓜子置於濾水籃上與湯汁分離備用。去殼取海瓜子肉150g。

④ 將材料A與海瓜子高湯2大匙，放入鍋中稍微混合均勻，以中火收汁，煮至湯汁濃稠後放入海瓜子肉與辣椒，稍微煮一下，最後以醬油調整味道。

[湯品] 海瓜子清湯

材料（2～3人分）

海瓜子高湯……全量

水……400～600ml

薄口醬油……少許

豆腐（絹豆腐）……1塊（300g）

青蔥（切成蔥花）……適量

作法

① 豆腐切成適當大小。鍋中放入海瓜子的高湯與水，以中火加熱至沸騰後撈除浮沫。

② 放入豆腐加熱，以薄口醬油調味，再以湯碗裝盛後撒上蔥花。

Point

加水時從較高的位置倒入，浮沫比較容易釋出。
（⇨ P81）

[飯] 鴨兒芹飯

材料（2人分）

五分精米的白米
（或精白米）……1杯

酒……1大匙

薄口醬油……1小匙

鴨兒芹（三葉菜）
……1把

鹽……2小撮

作法

① 米洗淨後放入鍋中，以平時煮飯的水量減少2大匙，浸泡1個小時。

② 將酒與薄口醬油混合後加入，以平時煮飯的方法烹煮。

③ 將切碎的鴨兒芹撒上鹽，擰除多餘的水分後與溫熱的白飯混拌均勻。

『甘酒』鯖魚罐頭乾咖哩定食

『甘酒』鯖魚罐頭乾咖哩

甘酒檸檬印式優酪乳

不需要使用麵粉，
以甘酒簡單做出濃稠、甘甜、鮮美的咖哩。
在炎熱的日子裡，來點時髦的吧～

[主菜] 『甘酒』鯖魚罐頭乾咖哩

材料（2人分）

鯖魚罐頭（水煮）……1罐
洋蔥……1/4個
番茄……1/2個
大蒜……1瓣
生薑……與大蒜等量
孜然粉……1小匙
A　咖哩粉
　　　……1～1又1/2大匙左右
　　甘酒（濃縮款・自家製 P56）
　　　……2～3大匙
　　醬油……2小匙
植物油……1大匙
白飯……2碗
香菜、檸檬、番茄、紫洋蔥、
　酪梨……各適量

作法

① 洋蔥與大蒜、生薑切末，番茄切成小丁。

② 大蒜、生薑與孜然放入鍋中，加油開小火。

③ 炒出香味後，加入洋蔥，轉中火，炒至顏色轉為棕色，加入番茄繼續拌炒均勻。

④ 鯖魚罐頭連同湯汁加入鍋中，放入材料 A 炒至水分收乾。將白飯以盤子裝盛，淋上咖哩、放上香菜與檸檬，佐以喜歡的蔬菜。

Point

番茄微微的酸味，會讓風味變得清爽。

[飲料] 甘酒檸檬印式優酪乳（Lassi）

材料（2人分）

A　甘酒（濃縮款・自家製 P56）……150g
　　豆漿……150ml
　　檸檬汁……2大匙
　　檸檬皮（刨碎）……適量
冰塊……適量

作法

將材料 A 充分混合均質，倒入事先放有冰塊的杯中。沒有冰塊的時候，可使用冰水調整至喜歡的濃度。

沙丁魚〔豆漿優格〕咖哩定食

優格拌紫甘藍 ⇨ P35

檸檬飯 ⇨ P35

沙丁魚豆漿優格咖哩 ⇨ P34

營養豐富的青背魚，如果只是烤來吃就太浪費了！
推薦以優格醃漬後與香料一同烹煮，
就會是既清爽又能補充精力，風味道地的咖哩。

豆漿優格

除了可以直接當作
早餐或點心享用，
也可以用於
替料理增添風味深度、
製作點心等。
是用途廣泛的發酵食品。
當然也可以使用市售的商品。

材料

豆漿……1L
優格菌粉……1包

參考保存期
冷藏4～5日

作法

① 將優格菌粉從豆漿包裝的開口倒入。

② 蓋緊，用力搖晃混合。

③ 使用專用的加熱保溫器包妥（以優格機製作，請以45℃、6～8小時設定）。

④ 完成凝固。保溫時間增加會讓酸味增強。

Point
優格菌粉使用「ブルマンヨーグルト」（青山食品サービス）。

➡ **清爽的馬鈴薯沙拉**
燙熟的馬鈴薯加入橄欖油、鹽、蒜泥、豆漿優格混合製成，風味會比使用美乃滋更清爽。

➡ **當作起司使用**
剛做好時趁熱壓上重物去水，可以製成比市售商品質地更扎實的水切優格。用途如同瑞可塔起司（Ricotta）一樣，搭配沙拉、麵包或作成三明治等。

「豆漿グルト（右）」質地較為濃稠，用來製作點心非常方便。「SOYBIO（左）」豆漿的豆味較不明顯，直接吃也很適合。

沙丁魚「豆漿優格」咖哩定食

除了沙丁魚
也可以使用竹莢魚
旗魚、蝦子、
花枝、帆立貝，
口感會更柔軟美味。

[主菜] 沙丁魚「豆漿優格」咖哩

材料（2人分）

沙丁魚……2尾
洋蔥……1個
番茄……1個
大蒜……2瓣
生薑……與大蒜等量
紅辣椒（去籽）……1根
豆漿優格……150g
味醂……2大匙
咖哩粉……1大匙
鹽……1小匙多一點
植物油……3大匙
檸檬（切片）、美生菜（撕小片）
　巴西利（切碎）……各適量

作法

① 沙丁魚切除頭部，取出內臟，充分洗淨後擦乾。抹上豆漿優格（分量外），放入冷藏室中靜置至少15分鐘～一晚。大蒜與生薑、洋蔥、番茄切碎。

② 將大蒜、生薑、辣椒放入鍋中，以小火加熱。炒香後放入洋蔥，轉大火炒至變成棕色，加入番茄、咖哩粉、鹽略略拌炒均勻。

③ 將步驟1的沙丁魚與豆漿優格、味醂放入鍋中，以小火加熱10分鐘左右。加入鹽或醬油（分量外）調整味道。與檸檬飯一同以器皿裝盛，如果有的話佐以檸檬與美生菜、撒上巴西利碎。

Point

沙丁魚很容易煮碎，以湯匙舀取湯汁，一邊澆淋一邊收乾湯汁。

[配菜] 優格拌紫甘藍

材料（2人分）
紫甘藍……150g
紫洋蔥……30g
鹽……1/2小匙
豆漿優格……50g
甘酒（濃縮款・自家製 P56）
　……2小匙

作法
① 紫甘藍切絲、紫洋蔥切絲，撒鹽
　後靜置備用。
② 變軟之後擰除多餘水分，加入豆
　漿優格與甘酒混合均勻。

[飯] 檸檬飯

材料（2人分）
白飯（煮硬一點）……3碗
植物油……1大匙
A　大蒜（切末）……1瓣
　　孜然粒……1小匙
　　薑黃……1/2小匙
檸檬……1/2個（或檸檬汁1～1又1/2大匙）
鹽、胡椒……各適量

作法
① 將材料A與油放入鍋中，
　以小火加熱至冒泡。
② 加入白飯略略拌炒後，
　擠入檸檬汁炒乾。以鹽、
　胡椒調味。

高麗菜〔甘酒泡菜〕定食

泡菜蓋飯

高麗菜甘酒泡菜

春季蔬菜魚露味噌湯

鮮味與辣味讓人欲罷不能的泡菜，
就可以做出即食的發酵定食。
也可以用白蘿蔔與蕪菁製作，隨心變化。

高麗菜甘酒泡菜

材料（便於製作的份量）

高麗菜......1/2顆（淨重500g）
鹽......2小匙（2%）
蘋果......1/4個（50g）
大蒜......15g
生薑......15g
A　甘酒（濃縮款・自家製 P56）
　　......50g
　　韓國產辣椒粉......3～5大匙
　　（或一味辣椒粉1小匙～
　　　1又1/2小匙）
　　魚露......20g
　　鹽......1/4～1/3小匙
　　昆布絲......適量

作法

① 高麗菜切除菜芯後，切成大塊。放入塑膠袋中，加鹽充分混合均勻。靜置15分鐘以上至高麗菜軟化。

② 將蘋果、大蒜、生薑磨成泥，放入缽盆中加入材料A充分混合均勻。

③ 隔著塑膠袋，將高麗菜充分揉出水，取出擰除多餘水分後放回袋中。加入步驟2混合均勻。

④ 將塑膠袋中的空氣擠出，綁緊袋口。靜置於冷藏室一晚。

令人停不下筷子最佳的下飯良友，左邊使用韓國辣椒粉味道渾厚。右邊使用一味辣椒粉較辣口。

参考保存期
冷藏一週

Point

・如果沒有魚露的話，也可以使用醬油＋1袋處理成粉狀的柴魚片。
・口味比較甜的可以增加甘酒的份量。

［湯品］ 春季蔬菜的魚露味噌湯

材料（2人分）

蘆筍......4根
新洋蔥......1/4個
魚露......1小匙
白味噌（自家製 P60）......2大匙

可替換：白味噌⇨味噌1大匙多一點

作法

① 蘆筍切成4～5cm小段。新洋蔥切絲。

② 將水400ml（分量外）放入小鍋中，加入魚露、新洋蔥以小火加熱至洋蔥變透明後，加入蘆筍略略加熱，再加入白味噌。

Point

以1人份＝1/2小匙左右的魚露，就可以作成味噌湯使用的高湯，非常棒。

［飯］ 泡菜蓋飯

材料

高麗菜甘酒泡菜
豆腐（絹豆腐）
魩仔魚
黑米飯（P27）
胡麻油、醬油、青蔥

作法

將熱熱的黑米飯以飯碗裝盛，放上泡菜、豆腐、魩仔魚，撒上青蔥。最後淋上胡麻油與醬油，馬上享用（熱熱的白飯搭配冷冷的配菜最美味）。

「味醂醋漬蔬菜」早晨定食

甘酒水果優格

醋漬蔬菜泥

味醂醋漬蔬菜（彩椒與洋蔥・豆粒與牛蒡、菇類）

如果備有可以輕鬆完成的醃漬蔬菜，
就可以簡單的做出有益健康的早餐或早午餐。
豐富的口感是此套餐的特色。

味醂醋漬蔬菜

兼具口感與酸香的美味醋漬蔬菜，
添加了味醂後就成為適合佐餐的味道。
也很適合作為餐點中轉換口味的小菜。
要注意味醂加熱時容易燒焦。

參考保存期
冷藏一個月

豆粒與牛蒡、菇類

材料

喜歡的豆粒（煮熟的）……200g
（黃豆、鷹嘴豆、綜合豆粒等）
牛蒡……150g
鴻禧菇……1/2包（75g）
A ｜ 味醂……150ml
　｜ 醋……150ml
　｜ 醬油……3大匙
　｜ 大蒜……1瓣
　｜ 月桂葉……1片

作法

① 牛蒡刮除表皮後切成4cm小段，再縱切2～4等份、泡水。鴻禧菇剝成小朵。大蒜表面劃幾刀不切斷。

② 將材料A放入小鍋中，以小火加熱，小滾後放入牛蒡與鴻禧菇，撈除浮沫加熱5分鐘左右，熄火。

③ 將豆粒放入保存容器中，步驟2也趁熱加入。表面貼上保鮮膜靜待冷卻。以冷藏保存。

彩椒與洋蔥

材料

彩椒……2個
洋蔥……1/4個
（蔬菜總量共計350g左右）
A ｜ 味醂……150ml
　｜ 醋……150ml
　｜ 鹽……1又1/2小匙
　｜ 大蒜……1瓣
　｜ 黑胡椒粒……適量

作法

① 大蒜表面劃幾刀不切斷放入小鍋中，放入材料A以小火加熱，以微滾的狀態加熱5分鐘，熄火靜置略微降溫。

② 洋蔥切粗絲、彩椒滾刀切片，裝入瓶中，倒入步驟1。

③ 表面緊貼上保鮮膜。瓶中蔬菜略略軟化後壓一壓，讓所有蔬菜都可以浸泡到醃漬液。隔天開始可以享用。

[配菜] 醋漬蔬菜泥

材料（2人分）

味醂醋漬豆粒與牛蒡
　……100g
橄欖油……1～2大匙
醃漬液、鹽……各適量

作法

① 將味醂醋漬豆粒與牛蒡以豆粒多一些、牛蒡少一些的比例搭配（亦可搭配一些一同醃漬的大蒜也很好吃）。

② 加入橄欖油、以電動攪拌棒（均質機）打成滑順的泥狀，最後以醃漬液、鹽調整味道。盛盤時再淋上幾圈橄欖油，可以蘸麵包，或者以美生菜包著享用。

Point

如果豆粒較多，感覺會像是鷹嘴豆泥，可依照喜好增加牛蒡的量，如同抹醬般享用。

[甜點] 甘酒水果優格

材料（2人分）

豆漿優格（自家製 P33）……200g
甘酒（濃縮款·自家製 P56）……100g
奇異果……1個

作法

將甘酒與豆漿優格混合至滑順均勻。放上切好的奇異果（或喜歡的水果），混合後享用。

梅子味噌佐章魚小黃瓜⇨P43

白芝麻葛豆腐⇨P42

嫩薑飯⇨P43

櫛瓜與油豆皮味噌湯⇨P43

由手工製作，可常備保存的葛豆腐，
與享受梅子味噌清爽的菜色組合，
交替著變化風味，非常美味。

清爽梅子味噌

梅子的酸甜使人食慾大增，
清爽風味的梅子味噌。
味噌濃郁的滋味，
搭配什麼都很適合，
特別是保存期長的優點，
非常有魅力。

材料（便於製作的份量）

梅子（完熟）……300g
味噌（自家製 P58）……300g
甘酒（濃縮款・自家製 P56）
　　　……100g

參考保存期
冷藏3個月 / 冷凍1年

作法

① 梅子洗淨後仔細擦乾，以竹籤挑除蒂頭。

② 放入保存袋，置於冷凍室至少一晚以上冷凍（為了讓梅子變軟）。

③ 將甘酒與味噌混合均勻。

④ 將1/3份量的步驟3放入容器底部，放上梅子後，以剩下的步驟3覆蓋（使用深度較深的容器時，請將步驟3與梅子交互放入，最上方蓋上步驟3）。

⑤ 表面以保鮮膜貼緊，靜置一晚等梅子的水分釋出。

⑥ 一天一次以較大的湯匙或者刮刀混合均勻，三天左右完成。之後以冷藏保存，使用前再度混合均勻。

Point

暫時不使用時，請把梅子的籽取出。
這樣就不需要每次攪拌，風味也不易改變。

➡ 味噌拌蔥
將切成4～5cm長的蔥段略略燙過之後與梅子味噌拌勻即可，搭配花枝或者鮪魚也不錯。和醋味噌相同的用法，與生魚片或蒟蒻、帆立貝也很搭。

[主菜] 「白胡麻葛豆腐」

材料（2～3人分）

A　葛粉……20g
　　胡麻醬……20g
　　酒……1大匙
　　鹽……1小撮
水……250L
芥末、醬油、梅子味噌……各適量

作法

① 將材料A放入鍋中，以木杓充分攪拌均勻後，注入少量水溶解鍋中材料。

② 一邊攪拌混合一邊以中火加熱，沸騰後轉小火，過程中持續混合加熱3～4分鐘。加熱至鍋中材料產生黏性後熄火。

③ 將步驟2倒入以水濕潤的容器中，略微降溫待冷卻凝固。享用時放上芥末，淋上醬油和梅子味噌。

[配菜] 梅子味噌佐章魚小黃瓜

材料（2人分）

熟章魚……150g

小黃瓜……1條

新洋蔥、海帶芽、

　梅子味噌……各適量

作法

① 小黃瓜撒上2小撮左右的鹽揉一揉，靜置備用。擦乾小黃瓜表面水分，切成適當大小。洋蔥切絲，稍微泡一下水，瀝乾水分。

② 熟章魚與海帶芽切成適當大小後盛盤，淋上梅子味噌。

[湯品] 櫛瓜與油豆腐皮味噌湯

材料（2人分）

櫛瓜……1/2條

油豆腐皮……1片

昆布水（P27）……400ml

味噌（自家製 P58）

　……1又1/2大匙～2大匙

作法

① 油豆腐皮縱切對半後，切成細條狀，櫛瓜切成半月形。

② 將昆布水置於小鍋中加熱，最後放入味噌調勻。

材料（便於製作的份量）

米……2杯

酒……1又1/2大匙

鹽……1/2小匙

醬油……1/2小匙

嫩薑……30g

　（或普通的生薑）

昆布絲……少許

作法

① 米洗淨後放入鍋中，泡水1個小時，生薑切絲。

② 將水倒掉加入比標準水量少1又1/2大匙的水，加入酒、鹽、醬油混合。最上面放入薑絲與昆布絲。以平時煮飯的方法烹煮，燜10分鐘後混合均勻。

[飯] 嫩薑飯

梅醋煎茄子⇨P47

青辣椒味噌埃及國王菜蕎麥麵⇨P46

「青辣椒味噌」埃及國王菜蕎麥麵定食

充分享受青辣椒滋味的絕品味噌，
與富有黏性的食材，讓人精力充沛的美味。
清爽的辣味加上帶有酸味的發酵食品，令人食慾大增。

青辣椒味噌

清爽的辣味在後味中出現，
夏天的佐餐味噌，
不使用砂糖與味醂，
以甘酒調味。

材料

青辣椒……50根（75 ～ 80g）
青紫蘇葉……10片
味噌（自家製 P58）……5大匙
甘酒（濃縮款•自家製 P56）
　　……4大匙
胡麻油……2大匙

（參考保存期
冷藏一個月）

作法

① 青辣椒對半剖開之後去籽切碎（種籽不去除的話會非常辣），青紫蘇也切碎。

② 將胡麻油與青辣椒放入鍋中，以小火拌炒。這個階段慢慢的加熱會讓辣味更溫和。

③ 加入味噌與甘酒，以小火加熱1 ～ 2分鐘，炒至水分揮發。

④ 熄火加入青紫蘇，混合均勻。

➡作成飯糰內餡
除了蕎麥麵或素麵，搭配白飯也非常適合。是絕佳的飯糰內餡，當然也很適合帶便當。

➡搭配烤茄子
抹在以平底鍋煎得焦香的茄子上，就是一道很好的配菜。單純放在豆腐上面，就是一道可以隨手完成的下酒菜。

就算沒有
柴魚風味醬油，
只需要青辣椒味噌
加上醬油
就非常好吃。
乾拌蕎麥麵
舉手之間
就可以完成。

[主菜] 「青辣椒味噌」埃及國王菜蕎麥麵

材料（2人分）

埃及國王菜（甜麻）
　　……1/2把
紫洋蔥……1/4個
青蔥……適量
青辣椒味噌
　　……喜歡的份量
納豆……2盒
柴魚片、醬油……各適量
蕎麥麵……200g

作法

① 將埃及國王菜燙熟，撈起之後確實
的瀝乾水分。以菜刀剁一剁，剁至
產生黏性。紫洋蔥切細絲；青蔥切
末；納豆也切碎。

② 蕎麥麵燙熟之後以清水漂洗一下，
撈起瀝乾裝盤。將步驟1的蔬菜與
青辣椒味噌、納豆、柴魚片置於其
上，淋上醬油。

Point

燙熟的埃及國王菜（甜麻），以菜刀剁一剁之後會產生黏性。

[配菜] 梅醋煎茄子

材料（2人分）

小茄子……3條
大蒜……1瓣
紅辣椒（去籽）……1根
甘酒（濃縮款·自家製 P56）
……1大匙
梅醋……2小匙
植物油、醬油、黑胡椒
……各適量

作法

① 茄子表皮劃斜刀後，切成一口大小，泡濃度3%的鹽水。大蒜表面也劃幾刀。

② 將大蒜與油放入平底鍋以小火加熱，將瀝乾水分的茄子，表皮朝下放入鍋中煎，最後放入紅辣椒。

③ 加入甘酒與茄子一同加熱，開始有香味飄出時，加入梅醋與茄子拌炒均勻。最後以醬油、黑胡椒調味。

Point

甘酒加熱很容易燒焦，請注意調整火力。

譯註：梅醋是梅子加鹽後所產生的汁水。製梅乾時，梅子浸泡二至四週後產生的黃色汁液，即白梅醋；加紅紫蘇葉，則成紅色，即紅梅醋。

發酵辛香料拌壽司

「發酵辛香料」拌壽司

發酵辛香料茗荷與生薑

辛香料豆腐

不使用砂糖的拌壽司，讓身體感覺煥然一新，
如果自製發酵辛香料，醃漬的湯汁就可做為壽司醋使用，
發酵辛香料可以切碎混合，放在壽司飯上非常方便。

[主菜] 發酵辛香料拌壽司

使用當季的蔬菜，
經過料理甜味與風味都會增加，
也會更適合拌壽司。

材料（2人分）

白飯（白米或五分精米的白米飯）
　　……1杯米份量
茗荷與生薑的發酵辛香料
　　……1/2量
發酵辛香料醃漬湯汁 …… 2大匙
玉米 …… 1/2根
櫛瓜 …… 1/2根
毛豆 …… 1小把
鯽仔魚乾、熟芝麻 …… 各適量
橄欖油 …… 1大匙

作法

① 將發酵辛香料的生薑切絲，茗荷取一部份預留裝飾用，其餘切碎。玉米取玉米粒，櫛瓜切成1cm小丁；毛豆以鹽水燙過後，取出毛豆仁。

② 將橄欖油放入平底鍋，放入櫛瓜炒熟後起鍋，接著炒熟玉米。每一種都以適量的鹽調味。

③ 煮好的白飯淋上醃漬湯汁，加入薑、茗荷、熟芝麻混合均勻，撒上鯽仔魚乾，再放上步驟2的各種蔬菜與毛豆，最後以茗荷裝飾。

[配菜] 辛香料豆腐

材料（2人分）

豆腐（絹）…… 1塊
茗荷與生薑的發酵辛香料
　　…… 適量
醬油、胡麻油 …… 各適量

作法

將茗荷與生薑切碎後放在豆腐上，淋胡麻油與醬油。

茗荷與生薑的發酵辛香料

材料（便於製作的份量）

茗荷 …… 100g
生薑 …… 50g
紅梅醋 …… 100ml
　　（參考 P47）
味醂 …… 100ml

（參考保存期
冷藏三週）

作法

① 茗荷縱切對半，生薑切片放入保存容器中加入熱水

② 隨即撈出置於濾網上讓熱氣揮發。

③ 將味醂放入小鍋中，以小火加熱2分鐘，熄火後加入梅醋。

④ 將步驟2放入保存容器中，倒入步驟3。以保鮮膜緊貼，置於冷藏室中保存（隔天開始可以享用）。

Point

只是過了一下熱水，顏色在醃漬後就會變得更鮮豔（右邊有汆過熱水；左邊直接醃漬）。

鯛魚與「甘酒醃蘿蔔」押壽司

鯛魚與甘酒醃蘿蔔的押壽司⇨P52

油菜花清湯⇨P53

醋飯中沒有添加砂糖，
活用甘酒醃蘿蔔的甜味是這道菜的特色。
漂亮的顏色，最適合在特別的日子裡大家相聚時享用。

甘酒醃蘿蔔

只需要一個塑膠袋
就可以製作的醃蘿蔔，
就算是單吃也會因為脆脆的口感，
與甘酒圓潤風味欲罷不能。

材料

乾蘿蔔 ⋯⋯40g
A｜甘酒（濃縮款·自家製 P56）
　　 ⋯⋯50g
　｜醋 ⋯⋯1小匙
　｜醬油 ⋯⋯2小匙
　｜鹽 ⋯⋯2/3小匙
紅辣椒（去籽）⋯⋯1條
昆布絲 ⋯⋯適量

Point

乾蘿蔔也可以使用短或長的乾蘿
蔔條製作。

譯註：日本的乾蘿蔔，是無鹽分直
接將蘿蔔切片曬乾製成。

參考保存期
冷藏二週

作法

① 乾蘿蔔放入缽盆中稍稍洗淨後泡水10～15分鐘。

② 泡水至稍微還保留一點硬度後，瀝水擰乾（擰乾後重量約為100g左右）。

③ 將材料A放入塑膠袋中，加入辣椒與昆布絲。

④ 加入步驟2揉搓均勻，擠出空氣緊緊的綁緊封口，放在冷藏室中熟成一晚。

51

[主菜] 鯛魚與甘酒醃蘿蔔押壽司

材料（2人分）

鯛魚生魚片 ⋯⋯150g

七分精米的白米（或者精白米）⋯⋯1杯

甘酒醃蘿蔔 ⋯⋯30g

味醂 ⋯⋯3大匙

檸檬汁（或醋）⋯⋯2大匙

鹽 ⋯⋯1/2小匙

熟白芝麻、櫻桃蘿蔔、檸檬皮 ⋯⋯各適量

作法

① 味醂放入小鍋中以小火加熱，沸騰1分鐘左右熄火，加入檸檬汁混合均勻，作成壽司醋。白米以比平時水量略少一些烹煮，煮成較硬的白飯，趁熱拌入壽司醋。

② 生食用鯛魚切成薄片，撒上鹽（1/3小匙，分量外）靜置15分鐘左右。擦除表面多餘水分，放入以烘焙紙鋪好的調理盤中。

③ 將半量步驟1的醋飯鋪在魚片上，撒上切成細絲的甘酒醃蘿蔔與熟白芝麻，再鋪上剩下的白飯。

④ 蓋上一層保鮮膜，以另一個調理盤壓緊，靜置一下讓材料貼合後分切。依照喜好鋪上切成薄片的櫻桃蘿蔔，再撒上檸檬皮。

除了鯛魚生魚片外，也可以使用鮭魚生魚片或者燙熟的蝦子等，顏色豐富的食材會使成品顯得更漂亮。

[湯品] 油菜花清湯

材料（2人分）

油菜花……1/4把
昆布水（P27）……400ml
柴魚片……2小包（6g）
酒、薄口醬油
　　……各1大匙
鹽……適量
青蔥、麩……適量

作法

① 將油菜花燙熟，放入碗中。

② 將昆布水置於鍋中加熱至沸騰，熄火放入柴魚片，靜置柴魚片下沈後，濾除柴魚片。

③ 將過濾好的步驟2放回鍋中，加入酒、薄口醬油煮滾後，以鹽調味倒入步驟1。依照喜好添加青蔥或麩。

鹽麴

不論搭配什麼食材都能讓鮮味提升！讓食物變美味，令人驚嘆的調味料

廣受歡迎，做為鹽的替代品，能夠讓食材美味提升的發酵食品－鹽麴。現在也很容易可以購買的到，材料只需要鹽與米麴，作法也只需混合均勻，大家都能簡單製作出來。

如果還有能夠保持溫度均一的優格機，睡前動手作，隔天早上就能做出質地濃稠、甘甜、完成度高的鹽麴。以常溫操作時，盡可能的注意保持清潔的狀態，製作過程中，水分會逐漸揮發，如果米麴露出表面，變得乾燥就酌量加水，是製作時需要注意的地方。不需要什麼特別的使用說明，不論是蔬菜或者肉類、魚類，稍微混合一下醃漬，鮮味就會更上一層。本書中介紹了許多用法，炸雞的調味、淺漬醃料、湯品的高湯、焗烤的白醬等。

材料

米麴（乾燥）⋯⋯200g
水⋯⋯300g
鹽⋯⋯70g

Point

乾燥的米麴一整年都很容易取得，可以使用相同份量製作非常方便。
以生米麴製作的話，水量需要稍微減少。

作法

① 將米麴以手撥鬆，放入乾淨的容器，加入鹽。

② 加水混合均勻，蓋上蓋子置於常溫。

③ 一天一次攪拌均勻。夏季常溫一週、冬天約
二週左右可以完成。

如果有優格機，將所有的材料
混合均勻後，以60℃、
6個小時，不需要再
額外補水即可。

甘酒
濃縮款

以白米自然的甜味、賦予味道深度

被稱為「飲用的點滴」，健康效果兼具的甘酒，是具備濃稠度、甜味、鮮味的優秀調味料。甘酒的種類，主要有白米與糙米，可以享受風味上的差異。製作甜點時使用白米製甘酒，風味較為純粹。入菜時，風味濃郁的糙米製甘酒，是得力的幫手。製作本書所使用的濃縮款甘酒，推薦以優格機製作，可以簡單做出甘甜又濃郁、滑順的甘酒。

沒有優格機的人，可以使用厚的鍋子，放入米飯與水煮滾之後，降溫到60℃，放入米麴保溫，不時以小火加熱保持溫度。做好之後以果汁機打碎，就可以做出類似的效果。由於是濃縮款，要做成飲料時，可以甘酒1兌上2倍的水或者碳酸水。

材料

米麴……200g

飯（白米、五分精米白米、糙米等）

　　……200g

水……200g

Point

米麴也可以使用糙米麴。

作法

① 將所有的材料放入優格機的容器中，如果米飯是剛煮好的請略微降溫，以冷飯直接製作也可以。

② 將容器確實的搖晃混合。上下左右搖晃，將所有材料混合均勻。

③ 放入優格機中，設定60℃、6個小時。

④ 不時取出容器，打開蓋子洩壓，關上蓋子後用力搖晃。米麴碎了之後，就可以做出滑順的甘酒。

糙米味噌

手工製作所獨有，大豆的顆粒感特別美味。

以塑膠袋就可以製作的簡單配方

大家有做過味噌嗎？將味噌球放入甕中，一次要做個幾公斤…，這些工序眞的需要一點熱情，在此介紹只需使用塑膠袋就能製作的方法。

材料有大豆、鹽、米麴。不論哪種食材，都可以選用自己喜歡的。食譜中所使用的糙米麴營養價值高，容易做出風味濃郁的味噌。如果使用白米麴，可以做出風味純粹的味噌。

豆粒使用黃豆製作時，就會有黃豆特有黏稠的厚重感，使用鷹嘴豆就會有如同紅豆餡一般入口即化的口感。燙熟之後搗爛，加入米麴與鹽確實混合，最後再加入煮豆粒的水攪拌均勻即可。雖然熟成需要一些時間，但是初嚐一口即是驚人的美味。

配方中完成的份量是500g，與市售味噌一盒的份量相同。多做幾種不同的種類，也非常有樂趣。

材料（完成份量為500g）

黃豆或鷹嘴豆（乾燥）……100g
鹽……50g
糙米麴（乾燥）……150g

Point

也可以使用白米麴替換糙米麴，作成一般的米味噌。

（ 參考保存期
冷藏一年 ）

作法

① 黃豆置於鍋中泡水一天，換水後加熱煮至柔軟（煮豆粒的水保留備用）。

② 趁熱裝入塑膠袋中，以杯子的底部充分壓扁豆粒（壓成薯泥一般）。

③ 取另一個塑膠袋，放入米麴與鹽，讓袋中充滿空氣後旋緊袋口搖晃均勻。

④ 混合至米麴均勻的沾裏上鹽即可（米麴佈鹽）。

⑤ 將步驟2搗成泥的黃豆，放入步驟4的塑膠袋中。

⑥ 加入煮豆水添足重量至500g。

⑦ 以兩手搓揉至完全均勻，擠出空氣以常溫放置3個月左右。

⑧ 不時打開封口，充分的揉搓再綁緊封口恢復原狀，或以布巾包妥更好。

⑨ 吃吃看，發酵至喜歡的狀態後，移入保存容器中，以冷藏保存。

鷹嘴豆白味噌

帶有渾厚的甘甜風味，非常容易入菜

滑順、可充分感受米麴甜味，是白味噌的魅力之處。也不需要花太長的時間發酵，根本就是「加了豆粒的鹽麴」這樣的感覺。不需要等待就可以享用，最適合想自己動手作味噌的新手。為了降低味噌獨特的香味，也希望成品的顏色可以淡一些，比起糙米麴，更推薦以白米麴製作。豆類除了黃豆與鷹嘴豆，白腰豆也很適合。

如果使用優格機製作，60℃、8小時，轉眼之間就可以完成。

鹽分濃度較低，比一般味噌的風味要淡一些，用途廣泛。除了必備的味噌湯以外，也可以加在西洋香料風味明顯的洋風湯品中、蔬菜條的蘸醬、醃漬魚類等…，在本書食譜中頻繁登場。

材料（完成份量為550g）

鷹嘴豆或黃豆（乾燥）⋯⋯100g

鹽⋯⋯35g

米麴（乾燥）⋯⋯200g

參考保存期
冷藏三個月

Point

想要做出更細緻的口感，可以在步驟3中加入米麴、鹽、溫水混合後，以食物調理機打碎。

作法

①　鷹嘴豆置於鍋中泡水一天，換水後加熱煮至柔軟。

②　以濾網撈起，用指尖搓豆粒，將表皮搓掉，很簡單的就可以將豆粒與皮分離。

③　趁熱裝入塑膠袋中，以杯子的底部充分壓扁豆粒（壓成薯泥一般）。

④　取另一個塑膠袋放入米麴與鹽，讓袋中充滿空氣後，旋緊袋口搖晃均勻。

⑤　將步驟3搗成泥的鷹嘴豆，放入步驟4的塑膠袋中。

⑥　加入體溫左右溫度的水，添足重量至550g。

⑦　兩手搓揉至完全均勻，擠出空氣綁緊封口，以常溫放置夏季約一週、冬季約三週左右。

⑧　不時打開封口，充分的揉搓再綁緊封口恢復原狀，或以布巾包妥更好。

⑨　吃吃看，發酵至喜歡的狀態後，移入保存容器中，以冷藏保存。

古早味鹹味噌

4年前做的味噌，顏色變得有點深。

　　糙米味噌、米味噌、白味噌…。不論哪一種都讓人難以割捨，用途各式各樣。但是如果你問我「只能做一種，要選哪一種？」的時候，我會選擇古早味的「鹹味噌」。

　　現在，比起大豆，米麴含量較高的「甘口味噌」較為盛行，也是手作味噌的主流。但其實鹹味較重的味噌，也有各種益處。

　　首先，在常溫下不容易長霉，照顧不需要太費心思，就算只是擺在那裡，也會自然的變成味噌，保存期也長。

　　再者，蛋白質含量較高，營養價值高，就算只有味噌這一味，也能成為下飯的菜色。抹上了鹹味噌的飯糰，美味無須言語！絕對不會像米麴含量較高的味噌

濕濕黏黏，把米粒都給弄散了。

　　經過了較長的時間後，變成暗黑色的味噌，也很推薦拿來炒菜、作成味噌醬，或者是新作味噌時當作「味噌種」使用。

　　在製作新味噌的時候，只需要加入一點點舊味噌，發酵就會更順利，也不容易長霉。

　　想讓味道甜一點的時候，只需要加入一點濃縮款的甘酒就能簡單解決。將鹹味噌混入少許的甘酒，風味就如同一般的味噌。甘酒的份量再增加，就可以跟甘口味噌一樣使用。

　　最後，鹹味噌的比例－大豆與米麴為1：1，海鹽是大豆的半量，也就是說豆粒100g配上米麴100g、海鹽50g。

Part 2

秋冬的發酵定食

天氣變冷，就越容易感受到發酵的力量。

湯品或煮物讓人從身體裡面暖和了起來，提高免疫力、遠離身體的壞狀態！

在這個根莖類與菇類越來越好吃的季節裡，

有12個最適合的發酵菜色要介紹給大家。

多做一些常備菜，依照喜好組合讓餐桌豐富起來！

豆腐素肉醬〔微辣韓式拌飯〕定食

4種蔬菜韓式小菜⇨P67

豆腐與香菇的甘酒素肉醬⇨P66

蔥白濃湯⇨P66

以豆腐取代絞肉，健康的肉醬非常好利用。
蔬菜只要作成韓式小菜，跟白飯就是絕佳搭配。
甘酒也替湯品增加了美味。

甘酒韓式辣味噌

僅需要3種食材就可以完成，
這也是白崎茶會的必須常備品，
用來蘸蔬菜、替炒菜帶來微辣的滋味、
火鍋、湯品都很適合，
加點大蒜與生薑也很美味！

材料

甘酒（濃縮款・自家製 P56）
⋯⋯100g
鹽⋯⋯10g
一味辣椒粉⋯⋯5～10g

（參考保存期
冷藏二個月）

作法

① 將鹽、一味辣椒粉放入容器中，一邊壓碎鹽粒一邊混合均勻。

Point

如果沒有混合均勻會容易變質，請充分混合均勻。

② 放入甘酒，攪拌至滑順均勻。

③ 蓋上蓋子，常溫放置一晚熟成，質地變硬即爲完成。（左邊是剛混合均勻的狀態，右邊是熟成一晚後的狀態）。

➡醬料的基底
又鹹又辣，與其它的調味料混合後，會有很明顯的風味。混合美乃滋帶點辣味非常好吃。

➡"轉換"麵類料理的風味
炒麵或麵線等味道一成不變的料理，非常推薦加上一點享用。搭配義大利麵時，加點煮麵水有助於醬料乳化。

➡番茄風味的湯品
義式蔬菜湯等以番茄爲基底的湯品，加點這個就會又酸又辣，味道變得有層次。與海鮮類搭配也很適合。

[主菜] 豆腐與香菇的甘酒素肉醬

材料（2人分）

豆腐（木棉）……1塊（300g）
香菇……2～3朵
大蒜……1瓣
胡麻油……1又1/2大匙
甘酒（濃縮款•自家製P56）、醬油、
　味噌……各1大匙
甘酒韓式辣味噌……少許

作法

① 香菇與大蒜切末。豆腐包在布巾裡，用力擰出水分。

② 將胡麻油與大蒜放入平底鍋炒熱，等到飄出香味後，放入香菇拌炒均勻。加入豆腐，將豆腐炒鬆後，加入調味料，慢慢炒乾。放在盛好的白飯上，搭配韓式小菜與甘酒辣味噌。

Point

確實的將豆腐炒鬆，就可以做出口感有彈性的素肉鬆。

[湯品] 蔥白濃湯

材料（2人分）

蔥（蔥白的部分）……1根
A 　昆布水（P27）……300ml
　　甘酒（濃縮款•自家製P56）……2小匙
　　鹽……1/2小匙
豆漿……100ml
鹽、胡椒……各適量

作法

① 將蔥白的部分斜切成薄片。

② 將材料A與蔥白放入鍋中，以小火加熱，沸騰後撈除浮沫繼續加熱2分鐘左右，加入豆漿續煮，以鹽、胡椒調味。

[配菜] 4種蔬菜的韓式小菜

白蘿蔔

材料(2人分)
白蘿蔔……200g
鹽……1小匙
A 碎芝麻粒……1大匙
胡麻油……2小匙
醋……1小匙

作法
白蘿蔔切絲放入缽盆中，加鹽靜置15分鐘以上，擰乾多餘水分。加入材料A混合均勻，以鹽調味。

胡蘿蔔

材料(2人分)
胡蘿蔔……1/3條
鹽……2小撮
A 碎芝麻粒……2小匙
胡麻油……1小匙
醋……1小匙多
甘酒(濃縮款·自家製 P56)……1小匙

作法
胡蘿蔔切絲放入缽盆中，加鹽靜置15分鐘以上，擰乾多餘水分。加入材料A混合均勻，以鹽調味。

黃豆芽

材料(2人分)
黃豆芽……1/2包(120g)
鹽……1/2小匙
A 碎芝麻粒……2小匙
胡麻油、醋……各1小匙
醬油……1/2小匙
蒜泥……少許

作法
將200ml的水放入小鍋中煮沸，放入黃豆芽與鹽，以中火煮5～6分鐘。將鍋中湯水倒掉以中火繼續加熱，炒乾多餘水分。加入材料A混合均勻，以鹽調味。

菠菜

材料(2人分)
菠菜……1/2小把
鹽……1/3小匙
A 碎芝麻粒……1大匙
胡麻油……2小匙
醬油……1/2小匙
蒜泥……少許

作法
菠菜稍微燙熟以冷水降溫，瀝乾水份後切成3cm小段。放入缽盆中，撒鹽靜置10分鐘左右擰乾水分，加入材料A，需要的話再以醬油調味。

糯小米飯

根菜糙米味噌湯

味噌漬骰子蔬菜

可以吃進大量蔬菜、全蔬食的套餐。
手作的味噌所以很養胃。
不需要米糠床也能做的味噌漬，也十分簡單。

[主菜] 根菜糙米味噌湯

材料(4人分)

白蘿蔔 ……150g

胡蘿蔔 ……1/2條

小芋頭 ……3個

蓮藕 ……1/2節

洋蔥 ……1/2個

油豆腐皮 ……2片

胡麻油 ……1大匙

昆布水(P27) ……1L

糙米味噌(自家製 P58)

……3大匙

青蔥(切末)、青菜(燙熟的)

……各適量

作法

① 所有的材料切成適當的大小。小芋頭撒上少許鹽(分量外)把表面黏液洗淨。

② 鍋中放入胡麻油與蔬菜,充分拌炒均勻,暫時熄火加鹽,靜置10分鐘左右等到蔬菜生水。

③ 加入昆布水,沸騰後撈除浮沫,轉小火將蔬菜煮熟。

④ 加入油豆腐皮,加入味噌溶解均勻,以容器裝盛放入青蔥末與燙熟的青菜。

[飯] 糯小米飯

材料(2人分)

五分精米白米 ……1杯

糯小米 ……1大匙

鹽 ……1小撮

作法

① 白米與糯小米洗淨後瀝乾水分放入鍋中,加入比正常煮飯再多1大匙的水量浸泡。

② 開大火煮至沸騰,加鹽轉小火,蓋上鍋蓋加熱15分鐘,熄火後燜15分鐘。

[配菜] 味噌漬骰子蔬菜

材料(便於製作的份量)

白蘿蔔、胡蘿蔔

……共計150g

糙米味噌(自家製 P58)

……2小匙

鹽 ……1/3小匙

醋 ……1/2小匙

作法

① 白蘿蔔切成1.5cm方塊;胡蘿蔔切成1cm方塊。

② 將所有材料放入塑膠袋中充分揉勻,靜置15分鐘左右,瀝乾水分。

酒粕漬蔬菜⇨P73

烤「酒粕漬」鰤魚⇨P72

黃豆芽粕床湯⇨P73

酒粕有帶出鮮味與濃縮食材美味的能力，
將具存在感的發酵食品，變成運用多元的醃漬床，
為大家介紹醃漬魚類、蔬菜，還有湯品共3道。

「酒粕漬」鰤魚定食

酒粕漬床

以味醂增加甜味，
帶有味噌與昆布鮮味的酒粕漬床，
推薦醃漬喜歡的
魚類、花枝、蝦子等。

材料（便於製作的份量）

酒粕……200g
白味噌（自家製 P60）
　……100g
味醂……50 ～ 70g
鹽……1小匙
紅辣椒（切圈）……1 ～ 2根
細切昆布……適量

（參考保存期
冷藏一個月）

作法

① 將味醂放入缽盆，加入酒粕稍微泡軟。

② 以攪拌器或刮刀充分混合均勻。

③ 加入白味噌與鹽，繼續充分混合。

④ 加入紅辣椒與昆布，略微混合後移至保存容器中。

Point

如果是醃漬確實脫水的蔬菜，可以反覆使用無虞。醃漬過魚類之後，不能再醃漬其他食材，
但是可以用於煮湯等，不會造成浪費。

71

手作的酒粕漬床，
只要做過一次
就停不下來，
超群的美味。

[主菜] 烤酒粕漬鰤魚

材料（2人分）

鰤魚（切片）⋯⋯2片（200g）
南瓜、青椒等 ⋯⋯ 適量
酒粕漬床 ⋯⋯5 大匙
鹽 ⋯⋯ 少許

作法

① 將鰤魚撒上鹽後靜置30分鐘，擦乾表面水分。酒粕床均勻塗抹在保鮮膜上，放上鰤魚包妥，讓鰤魚兩面都接觸到酒粕床。靜置於冷藏室中一晚～三天熟成。

② 蔬菜切成適當大小。將鰤魚表面的酒粕醃料刮乾淨（使用湯匙）。平底鍋熱鍋後，以小火將鰤魚煎熟至兩面上色。

Point

在醃漬魚類或肉類時，不將食材直接放入酒粕漬床中，將酒粕醃料取出，以保鮮膜包覆食材的方法醃漬。

[配菜] 酒粕漬蔬菜

材料（便於製作的份量）

白蘿蔔⋯⋯1/4條　酒粕漬床
小黃瓜⋯⋯2根　　⋯⋯全量
胡蘿蔔⋯⋯1條　　鹽⋯⋯重量的2%
　　　　　　　　　（蔬菜的總重）

作法

① 蔬菜切成適當大小，撒上鹽靜
　 置片刻，將水分確實擦乾。
② 將酒粕漬床放入保存容器中，
　 醃漬一晚〜一週左右。

Point

醃漬的時間延長，可以有奈良漬般的風味。
蔬菜表面的酒粕不需去除，直接切成薄片也很好吃。

[湯品] 黃豆芽粕床湯

材料（2人分）

黃豆芽⋯⋯1袋（200g）　　鹽⋯⋯適量
大蒜（切末）⋯⋯1瓣　　　水⋯⋯400ml
酒粕漬床（醃漬過鰤魚的）　胡麻油⋯⋯1大匙
　⋯⋯5大匙左右

作法

① 將胡麻油與蒜末置於小
　 鍋中，以小火炒至發出
　 香味後放入黃豆芽，以
　 中火將豆芽炒至透明。
② 加入酒粕漬床後略微拌
　 炒，倒入水加熱至沸騰
　 後撈除浮沫，轉小火
　 加熱5分鐘左右，以鹽
　 調味。

『酒粕』燉牡蠣定食

梅醋漬彩椒⇨P77

酒粕燉牡蠣⇨P76

活用酒粕的濃郁感，讓身體暖和起來的燉菜。
搭配米飯或麵包都很美味，
佐餐的配菜，選擇清爽、帶有梅醋爽口風味的醋漬小菜。

酒粕基底

將能讓身體暖和起來的酒粕，
調整成適合入菜的保存基底，
不容易結塊好溶解。
因為添加了鹽分，
比一般酒粕的保存期更長。

材料（便於製作的份量）

酒粕……200g
鹽……1大匙
植物油……2小匙

參考保存期
冷藏三個月 / 冷凍一年

作法

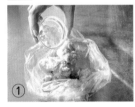

① 將酒粕與鹽一起放入塑膠袋中。

② 用手揉搓至順滑，酒粕如果還是很硬的話，可以加入1小匙多的清酒（分量外）。

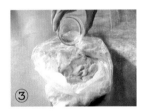

③ 加入油，繼續揉搓。

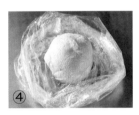

④ 將袋中材料揉成團，壓出袋中空氣綁緊封口，或者裝入密封容器中，置於冷藏室保存。

➡煮物的隱味
平時的味道吃慣了之後，可以酌量添加於燉菜或者咖哩中，可以讓料理的風味更具深度。

➡暖呼呼酒粕湯
搭配魚類或喜歡的根菜，以酒粕取代味噌，僅僅如此就可以作成最適合冬季享用，暖呼呼的湯品。

➡減鹽菜色時
不僅可以降低鹽的份量，也具有濃郁的風味，最適合想減少鹽分攝取的人。搭配喜歡的肉類、魚類、蔬菜，僅僅拌炒就非常美味。

[主菜] 酒粕燉牡蠣

清新的酒粕風味
香氣撲鼻。
濃郁的風味
搭配米飯也很棒。

材料（2人分）

生牡蠣……200g
　（10個左右、去殼）
洋蔥……1/4個
胡蘿蔔……1/3條
綠花椰菜……6小朵
蘑菇……6個
大蒜……1瓣
酒粕基底……50g
水……300ml
豆漿……200ml
太白粉……2～3大匙
植物油……2大匙
鹽、胡椒……各適量
白飯、巴西利……各適量

可替換：酒粕基底⇨等量的白味噌

作法

① 洋蔥切成月牙形；胡蘿蔔切成5mm厚圓片；蘑菇切成略厚的片。牡蠣撒上太白粉（分量外），充分洗淨後，置於濾水網上瀝乾、擦拭乾淨後，撒上太白粉。

② 將大蒜與油放入鍋中，以較弱的中火加熱，放入牡蠣煎至焦香後暫時起鍋。

③ 將洋蔥、胡蘿蔔、蘑菇放入步驟2的鍋中，略略拌炒後加水煮滾，撈除浮沫加入酒粕基底，蓋上蓋子煮10分鐘左右，煮至胡蘿蔔軟化。

④ 將豆漿與步驟2的牡蠣放入鍋中，煮至沸騰後以鹽、胡椒調味。放入綠花椰菜略微加熱，以盤子裝盛，佐以白飯並撒上巴西利。

②

③

[配菜] 梅醋漬彩椒

材料（2人分）
彩椒（紅、黃）……100g
梅醋……2小匙
甘酒（濃縮款・自家製 P56）
……1小匙

作法
將彩椒切成1口大小。
將所有材料放入塑膠
袋中，稍微揉拌一下靜
置15分鐘以上。

譯註：梅醋是梅子加鹽後所產生的汁水。製梅乾時，梅子
浸泡二至四週後產生的黃色汁液，即白梅醋；加紅紫蘇葉，
則成紅色，即紅梅醋。

清爽的視覺感受，是類似西班牙鍋飯或燉飯般的菜色。
搭配份量十足的蕈菇與蔬菜作成的配菜，與湯品一同享用。
如果沒有薑黃，作成和風的炊飯也可以。

青菜拌蕈菇⇨P81

蕈菇清湯⇨P81

牡蠣蕈菇薑黃飯⇨P80

〔鹽麴〕漬蕈菇定食

鹽麴漬蕈菇

只需要將剛燙熟的蕈菇拌入鹽麴，
菜色不夠時，就可以變成得力幫手。
作成義大利麵或是與蔬菜拌在一起，
跟什麼材料都百搭。

材料（便於製作的份量）
喜歡的蕈菇（香菇、金針菇、
　舞菇等）…… 合計300g
鹽麴（自家製 P45）…… 3大匙（60g）
水 …… 500ml

（ 參考保存期
　冷藏一週 ）

作法

① 將水置於小鍋中煮滾後，加入蕈菇以大火加熱，使用筷子一邊輕壓一邊燙熟。

② 鍋子裡面開始沸騰時，撈除浮沫後，繼續加熱2分鐘。

③ 撈出蕈菇，靜置於濾水網中15分鐘以上瀝乾水分（燙蕈菇的水留著煮湯備用）。菇類瀝乾後約有280g。

④ 將步驟3與鹽麴，放入缽盆中混合均勻，以保存容器保存。

Point

以少量的水燙熟蕈菇，將湯汁煮的濃一點，之後再加入多一點水撈除浮沫後，就會變成美味的湯。

➡直接吃也很美味
淋點胡麻油，或是加點白蘿蔔泥，就可以作成一道清爽的小菜。

➡湯品的基底
與水一同放入小鍋中煮滾，就是很棒的湯品。淋點醬油作成和風口味，加入月桂葉與橄欖油作成洋風，加入胡麻油就是中華風味。

➡蕈菇番茄醬
僅需將橄欖油與番茄罐頭放入平底鍋，加入鹽麴漬蕈菇煮一煮，就是忙碌時的義大利麵醬。

將鹽麴漬蕈菇
置於米的上方烹煮。
如果混合烹煮，
鹽麴就會變得容易焦鍋。

[主菜] 牡蠣蕈菇薑黃飯

材料（2人分）

米　1杯
生牡蠣……4個
　（大的生蠔尺寸）
洋蔥……1/8個
大蒜……2瓣
鹽麴漬蕈菇……150g
水……200ml
薑黃……1/8小匙
橄欖油……1大匙
巴西利（切碎）……少許

作法

① 將洋蔥與大蒜切成末。牡蠣以鹽水洗淨後擦乾。米洗好之後瀝乾備用。

② 將橄欖油放入鍋中，加入洋蔥與大蒜炒香後放入牡蠣，稍微煎一下取出備用。

③ 米下鍋，炒至出現透明感後加水與薑黃，開大火加熱。水滾之後放入鹽麴漬蕈菇與牡蠣，蓋上鍋蓋以小火加熱12分鐘，熄火燜15分鐘。以器皿裝盛再撒上巴西利。

[湯品] 蕈菇清湯

材料（2人分）

洋蔥、胡蘿蔔、白蘿蔔、青椒
　……共計200g
煮蕈菇的湯……全量
昆布……5cm正方1片
醬油……1大匙
酒……2大匙
鹽、胡椒……各少許

作法

① 將所有的蔬菜切成5mm方丁。

② 將煮蕈菇的湯放入小鍋子中煮沸，
　再加入生水100ml（分量外），從
　高處倒入水，開大火加熱，這樣可
　以確實的撈除浮沫。

③ 放入蔬菜與昆布加熱煮軟，以鹽、
　胡椒調整味道。

Point

在沸騰的煮蕈菇水中，從高處倒入追加的水，浮沫比較容易撈取乾淨。

[配菜] 青菜拌蕈菇

材料（2人分）

小松菜等葉菜……1/2把
鹽麴漬蕈菇……適量
醋……少許

作法

① 將小松菜略略燙一下，切成適當
　的大小。鹽麴漬蕈菇切碎。

② 小松菜以容器裝盛，放上鹽麴漬
　蕈菇，淋上醋。

炒
﹇
漬
葉
菜
﹈
定
食

炒久漬葉菜⇨P84

納豆

糯小米飯⇨P69

鯖魚罐頭與白蘿蔔酒粕湯⇨P85

這是將寒冷季節的當季蔬菜，
醃漬後當作主菜的定食。
添加了酒粕的味噌湯與納豆，具有發酵食品特有的排毒效果。

漬葉菜

在葉菜類美味的季節
多做一點保存。
就會成為像是高菜或野沢菜
一般的漬物，
久漬也很美味。
隨著醃漬的時間
會變成帶有一點點酸味的漬物。

材料(便於製作的份量)
青江菜……4株(500g)
　(或小松菜2把)
鹽……1大匙(青菜的3%)
昆布……適量
紅辣椒(去籽)……1根

(參考保存期
冷藏三週)

作法

①
葉菜確實洗乾淨，根部
剖開一點以手撕成兩半。
曬太陽2～3個小時，
讓菜有點變軟(或者陰乾
半天)。

②
將每片葉子都搓上鹽(根
部多一點)，靜置1個小
時左右讓鹽融化。

③
用手輕輕的揉一下葉子
(水不要丟掉)，沒有空隙
的塞妥於保存容器中，將
昆布與辣椒塞進縫隙裡，
上方蓋上保鮮膜壓緊。

④
最上面壓以重物(青菜2
倍以上的重量)靜置半
日，壓至青菜出水之後
取下重物，蓋上蓋子置
於冷藏室中的蔬果室裡，
熟成2～3日達到淺漬程
度即可享用。

Point　青菜曬過之後體積會變小，比較方便醃漬。

➡直接享用也很好吃
切成適當大小，搭配醬油煮柴魚
片或者碎芝麻粒，不需要加熱就
可以做好，很方便。

➡用於炒飯的配料
切碎之後，跟胡麻油、白飯一起
炒，令人欲罷不能的美味。

➡拌納豆
以切碎的漬葉菜取代切碎的蔥
末，混合均勻後享用，非常下飯。

[主菜] 炒久漬葉菜

配飯當然很好，
加在拉麵裡，
或搭配素麵
都超級棒。

材料（2人分）

漬葉菜（久漬）…… 100g

大蒜（切末）…… 1/2瓣

紅辣椒（切成圈）…… 1/2根

熟芝麻…… 1/2大匙

醬油、味醂…… 各適量

胡麻油…… 1大匙

Point

加點鰹魚粉也很好吃。

作法

① 將漬葉菜切碎，以水略略漂洗一下擰乾。

② 將胡麻油、大蒜、紅辣椒置於平底鍋，以小火炒香後加入步驟1。

③ 以醬油、味醂調味，最後加入熟芝麻略略拌炒。

[湯品] 鯖魚罐頭與白蘿蔔酒粕湯

材料（2人分）

鯖魚罐頭（水煮）…… 1罐

白蘿蔔…… 150g

酒粕基底（P75）…… 50g

水…… 400ml

胡麻油…… 1小匙

生薑（泥）…… 適量

作法

① 將白蘿蔔與胡蘿蔔切成5mm的1/4扇形圓片。

② 將胡麻油與步驟1放入小鍋中，略微拌炒鯖魚罐頭連同湯汁放入，加入酒粕基底。

③ 加水煮滾之後，撈除浮油與浮沫，蓋上鍋蓋以小火加熱10分鐘。以容器裝盛，放上生薑泥。

生菜包「辣味噌」旗魚定食

稍微烤過的魚，
蘸上味噌與甘酒作成的微辣辣醬一起享用，
不論哪一種，都是5～10分鐘就可以完成。
忙碌的日子裡用來當晚餐可好？

生菜包「辣味噌」旗魚⇨P88

小黃瓜沙拉⇨P89

簡單做辣味噌醬

麥飯⇨P88

秋葵辣味噌湯⇨P89

簡單做辣味噌醬

只是將常備的
發酵食品們混合而已。
味噌使用糙米味噌也很美味,
隨著時間風味會變得濃醇,
美味更上一層。

(參考保存期)
冷藏三週

材料(便於製作的份量)

味噌(自家製 P58)……100g
甘酒韓式辣味噌(P65)
……50g
甘酒(濃縮款・自家製 P56)
……60g
胡麻油……2大匙
碎芝麻……1大匙
大蒜(泥)……1/2瓣

作法

① 將所有材料放入缽盆中。

② 充分混合均勻,移至保存容器中。

➡當作醃漬料
比韓式辣味噌不辣,接近韓式藥念醬的程度,抹在肉類或魚類再煎,非常好吃。

➡蔬菜棒蘸醬
搭配確實冰鎮過的高麗菜或黃瓜,令人停不下筷子。搭配手捲或壽司也很美味。

➡烤肉料理
推薦搭配煎烤過的蝦子、花枝、牡蠣等海鮮,或是烤香菇、烤蔬菜等。最適合搭配簡單的料理一起享用。

［主菜］生菜包「辣味噌」旗魚

材料（2人分）

旗魚（魚排）……2片
鹽、橄欖油……各適量
紅葉萵苣、紫蘇葉、
　洋蔥（切絲）等
　……喜歡的份量
簡單做辣味噌醬……適量

作法

① 旗魚片撒鹽靜置10分鐘左右，擦乾表面水分後切成1口大小。

② 將橄欖油置於平底鍋熱鍋，放入旗魚片以較弱的中火煎至兩面金黃。與生菜一同盛盤，佐以簡單做辣椒味噌，一起享用。

［飯］麥飯

材料（2人分）

米……1杯
押麥（大麥片）
　……2大匙

作法

① 米洗淨後放入鍋中，水量以標準份量多加2大匙。將大麥片置於較小的缽盆中，以份量較多的清水浸泡30分鐘以上。

② 將大麥片確實瀝乾水分後，與鍋中白米混合，以一般煮飯的方法烹煮。

[配菜] 小黃瓜沙拉

材料(2人分)
小黃瓜⋯⋯1條
檸檬汁⋯⋯1/2小匙
鹽、碎芝麻⋯⋯各少許
胡麻油⋯⋯1小匙

作法
① 將鹽撒在砧板上,滾動小黃瓜殺青。切除蒂頭後將切下的蒂頭與小黃瓜摩擦幾下,產生的澀水以清水洗淨。縱切兩半後再切薄片。

② 將步驟1放入缽盆中,加入檸檬汁、胡麻油拌勻。以鹽調味,最後撒上碎芝麻。

[湯品] 秋葵辣味噌湯

材料(2人分)
秋葵⋯⋯1袋(約7～8條)
昆布水(P27)⋯⋯400ml
簡單做辣味噌⋯⋯2小匙
醬油⋯⋯適量

作法
① 將秋葵切成小段。

② 將昆布水與辣味噌放入小鍋中,以中火加熱。沸騰後撈除浮沫加入秋葵熄火,以醬油調味。

『米糠煮』鯖魚定食

米糠煮鯖魚

米糠床漬小松菜

地瓜飯

紅白蘿蔔白味噌豆漿湯

米糠不僅能使用在醃漬醬菜上，
味道比較腥的鯖魚，如果使用米糠煮，
就可以煮出比味噌煮鯖魚更清爽的風味。

[主菜] 米糠煮鯖魚

材料（4人分）

鯖魚（帶骨縱切兩片）
　　……1條（350～400g）
生薑……1塊（15g）
A　醬油……2～3大匙
　　味醂、酒……各4大匙
米糠醬（米糠床醬菜的米糠 P25）
　　……50g
水……200ml

作法

① 將附著於鯖魚骨頭上的雜物以清水洗淨，切成兩片，在魚皮上劃切切口，生薑切薄片）。

② 將材料A與薑片、水放入鍋中，水滾後將鯖魚魚皮朝上放入鍋中。

③ 再度沸騰後轉小火撈除浮沫，蓋上以烘焙紙等作成的落蓋煮10分鐘左右。

④ 加入米糠醬，一邊澆淋湯汁一邊續煮10分鐘左右。

Point　熄火之後，冷卻的過程會使其入味，作爲冷藏的保存菜色也很美味。

[配菜] 米糠床漬小松菜

材料（2人分）

小松菜……1把
紅辣椒（切圈）……1/2條
米糠醬（米糠床的米糠）
　　……適量
胡麻油……少許

作法

① 小松菜切除根部，長度對半切。

② 將步驟1與紅辣椒、米糠醬放入袋中揉一揉，壓出空氣綁緊袋口靜置半日左右。

③ 將表面的米糠洗淨，擦乾後切成適當大小，淋上胡麻油。

[飯] 地瓜飯

材料（2人分）

米……1杯
地瓜……100g
酒……1/2大匙
鹽……1/3小匙
昆布……適量
熟黑芝麻……適量

作法

① 米洗淨後放入鍋中，水量以標準份量多加2大匙。將地瓜切成1cm小塊，泡水15分鐘以上，瀝乾。

② 放入地瓜、酒、鹽、昆布，以一般煮飯的方法烹煮。煮好後以飯碗裝盛，撒上芝麻。

[湯品] 紅白蘿蔔白味噌豆漿湯

材料（2人分）

白蘿蔔、胡蘿蔔……共計200g
白味噌（自家製 P60）……2大匙
昆布水（P27）……400ml
豆漿……50ml
鹽……適量
植物油……2小匙

可替換：白味噌➯酒粕基底等量

作法

① 白蘿蔔與胡蘿蔔切成長條片狀。

② 將油與步驟1放入小鍋中，以小火加熱，略微拌炒均勻後加入昆布水，沸騰後撈除浮沫，煮至鍋中蔬菜軟化。

③ 加入白味噌與豆漿，快沸騰時熄火，以鹽調味。

照燒「天貝」美乃滋定食

照燒天貝⇨P94

糙米飯

熱湯沖梅子薯蕷昆布⇨P95

大家有吃過「天貝」嗎？天貝是一種大豆的發酵食品，
有嚼勁也沒有太強烈的味道，可以像肉一般使用。
以又甜又鹹的照燒烹調，肯定非常下飯。

發酵美乃滋

不使用雞蛋製作，
帶有濃郁滋味的
自家製美乃滋，
以甘酒與梅醋構成風味。

材料（容易操作的份量）

甘酒（濃縮款・自家製 P56）⋯⋯40g
豆漿⋯⋯20g
梅醋⋯⋯20g
　（或使用醋1又1/2大匙＋鹽2小匙）
植物油⋯⋯100g

參考保存期
冷藏二週

作法

① 將甘酒與豆漿放入缽盆中，以刮杓略微混合後加入梅醋，馬上以手持電動攪拌棒攪打。

② 一邊以電動攪拌器攪拌，一邊將半量的油分少量多次加入。

③ 攪拌均勻後加入剩下的油，繼續攪打。

④ 乳化成圖片的狀態後即完成。

➡搭配三明治
作成鮪魚沙拉，搭配小黃瓜夾吐司非常美味。

➡蝦仁沙拉
加入甘酒韓式辣味噌（P65）混合後，與燙熟的蝦仁混合均勻即可。

➡塔塔醬
只需將喜歡的味醂醋漬蔬菜（P39）切碎後混合，就是最適合搭配炸排、炸物的塔塔醬。

[主菜] 照燒天貝

材料（2人分）

天貝 …… 2片（200g）

味醂 …… 4大匙

醬油 …… 1又1/3大匙

太白粉（或米粉）…… 適量

植物油 …… 適量

美生菜、小番茄、小黃瓜、
　酪梨等 …… 適量

發酵美乃滋 …… 適量

作法

① 天貝切成1口大小，稍微用水濕
　潤表面後裹上太白粉。

② 將油置於平底鍋熱鍋，放入天貝
　每一面都煎香，先取出。

③ 將味醂倒入平底鍋，以中火加熱
　沸騰再以小火收汁。等到鍋中味
　醂變稠後加入醬油、步驟2的天
　貝。讓天貝裹上醬汁。以器皿裝
　盛，佐以蔬菜與發酵美乃滋。

重點在將天貝切得大塊一些
產生滿足感，
以油煎的香脆
就容易裹上醬料。

Point
味醂確實煮滾，就會產生既
香又濃稠的風味。

[湯品] 熱湯沖梅子薯蕷昆布

材料(1人分)
梅乾……1個
薯蕷昆布（とろろ昆布）……適量
醬油……數滴
熱水……150 ～ 200ml

作法
將梅乾放入碗中，沖入熱水後將梅
乾稍微弄散。放入薯蕷昆布、以醬
油調味。

「起司豆腐」沙拉定食

將平日我們吃慣了的豆腐，
變成起司一般的風味與口感，讓人有點驚嘆的菜色。
以鹽麴增加鮮味的南瓜濃湯，也讓人暖和起來。

起司豆腐沙拉

南瓜鹽麴濃湯

鹽麴起司豆腐

將豆腐以鹽麴醃漬，
簡直就像是菲達起司（Feta）一樣。
佐醬油煮柴魚片、胡麻油，
再淋上一點醬油，
和風口味的享用也很棒。

材料（容易操作的份量）

豆腐（木棉豆腐）
……1塊300g
鹽麴（自家製 P45）
……4大匙

可替換：
鹽麴 ⇨ 酒粕基底8大匙

作法

① 將豆腐放入容器中以保鮮膜覆蓋。

② 在豆腐上放重物，靜置於冷藏室一晚。

③ 將容器中的水倒掉，增加重物的重量，將豆腐壓著出水到成為200g左右。

④ 將步驟3切成4等份。每塊裹上1大匙鹽麴後以保鮮膜包妥。置於保存容器內熟成。隔天就可以享用，靜候2、3天風味更佳。

（ 參考保存期
冷藏一週 ）

①
③
③
④

［主菜］起司豆腐沙拉

材料（2人分）

鹽麴起司豆腐……2個（1/2塊）
美生菜、酪梨、小番茄、蘋果、紫洋蔥
……各適量
黑橄欖……4～6個
檸檬……1/2個
橄欖油、粗粒黑胡椒、奧勒岡（乾燥）
……各適量
喜歡的麵包……適量

作法

① 將起司豆腐切成1cm正方小塊（表面的鹽麴可以留著也可以洗乾淨）。將喜歡的蔬菜、水果也切成塊狀。美生菜以手撕成適當大小，紫洋蔥切絲泡水瀝乾備用。

② 將美生菜、蔬菜與水果，起司豆腐裝盤。淋上橄欖油，撒上奧勒岡與胡椒，佐以麵包。

①

［湯品］南瓜鹽麴濃湯

材料（2人分）

南瓜……1/4個
（實重200g）
洋蔥……1/2個（100g）
鹽麴（自家製 P45）
……1大匙
鹽、胡椒……各適量
水……300ml
豆漿……100ml
植物油……1大匙

作法

① 南瓜去皮切成小塊，洋蔥切絲。

② 將油與步驟1放入鍋中，以中火加熱，充分拌炒至洋蔥變透明。加水煮至沸騰，撈除浮沫以小火加熱，蓋上鍋蓋煮20分鐘左右。

③ 以木杓將南瓜壓碎，加入鹽麴一起煮滾。倒入豆漿稀釋，煮至沸騰前熄火。以鹽、胡椒調味。

②
③

Point
也可以使用醃漬過起司豆腐的鹽麴。

淺漬紫甘藍與櫻桃蘿蔔⇨P101

鹽麴焗馬鈴薯⇨P100

扁豆與白菜鹽麴番茄湯⇨P101

『鹽麴』焗馬鈴薯定食

不使用奶油、牛奶與鮮奶油就可以完成，
將熱騰騰焗馬鈴薯當作主角。以小扁豆與番茄作成的湯品，
不論是蛋白質或是蔬菜的礦物質都能充分攝取。

鹽麴白醬

帶有濃稠口感的鹽麴，
作成滑順濃郁的白醬，
如果使用椰子油(無香味)，
就會產生如同
奶油一般的滑順風味。

材料(4人分)

米粉……2大匙
植物油(椰子油等)……4大匙
大蒜(泥)……1/2瓣
豆漿……500ml
鹽麴(自家製 P54)……2大匙
白胡椒……少許

可替換：
鹽麴⇨等量的酒粕基底 + 鹽1/3小匙

參考保存期
冷藏4～5日

作法

① 將米粉與油置於鍋中炒至滑順。

② 以小火加熱1分鐘左右，至產生細小的泡泡後熄火，加入蒜泥混合一下，靜待鍋中不再產生氣泡(煮掉氣味)。

③ 大蒜的味道散去後，一邊以攪拌器混合一邊少量多次加入豆漿，混合成均勻的質地，最後加入鹽麴混合攪拌均勻。

④ 以中火加熱至鍋中冒小泡泡後轉小火，一邊攪拌一邊繼續加熱2分鐘，撒上胡椒。

➡巧達濃湯
以豆漿稀釋後，放入煮熟的馬鈴薯、海瓜子肉加熱即可。

➡白醬煮蔬菜
高麗菜、蕪菁、白菜等炒過之後，加入白醬，略略加熱即可。鹽麴的鮮味讓人忍不住想淋在飯上吃。

以鹽麴取代起司與奶油作成的白醬，讓風味變得更豐富了。

[主菜] 鹽麴焗馬鈴薯

材料（2人分）

馬鈴薯……2個（實重200g）
杏鮑菇……1小根
鯷魚……2小片
鹽麴白醬……200g
橄欖油、黑胡椒……各適量

作法

① 將烤盅塗上一層薄薄的橄欖油，鋪上切成3～4mm厚的馬鈴薯與杏鮑菇。鯷魚也剝成小塊均勻撒上。

② 淋上白醬，表面再淋上一些橄欖油，以200℃烤箱烤30分鐘左右，烤至表面上色，撒上胡椒。

Point

撒上麵包粉或起司也很好吃。

材料(2人分)

櫻桃蘿蔔……4個

紫甘藍……1片

米糠床、鹽……各適量

作法

① 紫甘藍將葉片與較硬的菜梗分切開，各別用鹽揉過。櫻桃蘿蔔也用鹽揉過，靜置備用。

② 蔬菜出水之後擦除水分，埋進米糠床中醃漬約3個小時，再取出切成適當大小。

Point

· 稍微醃漬一下的米糠床醬菜，吃起來像是沙拉一樣的感覺。

· 如果覺得太鹹的話，可以稍微洗過擰乾。

· 加上一點橄欖油也很美味。

[湯品] 小扁豆與白菜的鹽麴番茄湯

材料(2人分)

洋蔥……1/2個(100g)

大蒜……1/2瓣

白菜……1片(100g)

胡蘿蔔、西洋芹……30～40g

番茄罐頭(水煮)……1/2罐(200g)

水……300ml

小扁豆……50g

鹽麴(自家製 P54)……2大匙

植物油……1大匙

作法

① 洋蔥與大蒜、胡蘿蔔、西洋芹切末。白菜切成1cm小片。小扁豆清洗乾淨瀝乾水分。

② 將大蒜與油放入鍋中，以小火加熱，炒至發出香氣，加入其它蔬菜稍微拌炒一下，放入鹽麴混合均勻。

③ 加入番茄罐頭、水、小扁豆，沸騰後繼續加熱10分鐘左右熄火，以鹽(分量外)調味。可以依照喜好加入燙過的綠花椰菜。

以豆漿與鹽麴為基底的白湯火鍋，
最適合寒冷的夜晚。
手工辣油讓人欲罷不能。

鮭魚與白菜的「發酵鍋」定食

發酵辣油

鮭魚與白菜的發酵鍋

[主菜] 鮭魚與白菜的發酵鍋

材料（2人分）

生鮭魚⋯⋯2片
油豆腐⋯⋯1/2塊
白菜⋯⋯50g
小松菜⋯⋯1/2把
青蔥⋯⋯1根
胡蘿蔔⋯⋯1/3條
香菇⋯⋯6朵
水⋯⋯300ml
昆布⋯⋯少許
A　豆漿⋯⋯200ml
　　白胡麻醬⋯⋯2大匙
　　鹽麴（自家製 P54）⋯⋯2大匙
發酵辣油、青蔥⋯⋯各適量

可替換：鹽麴⇨ 等量的酒粕基底 + 鹽1/3小匙

作法

① 將昆布與水靜置鍋中。青蔥斜切，小松菜與白菜切成2～3cm小段。鮭魚、油豆腐、胡蘿蔔、香菇切成適當大小。

② 將材料A混均勻後加入鍋中煮滾，小松菜以外的材料放入鍋中，以較弱的中火煮6～7分鐘。最後加入小松菜，沸騰之後熄火。以容器裝盛，淋上發酵辣油與青蔥享用。

Point　加入烏龍麵也很好吃。

發酵辣油

調理時間僅需5分鐘！
蓮藕的口感有畫龍點睛的效果。
放在豆腐上面、
或者搭配素麵都很推薦。

材料（2人分）

蓮藕⋯⋯1/4小節（50g）
洋蔥⋯⋯1/4個（50g）
大蒜⋯⋯2瓣
生薑⋯⋯與大蒜等量
A　一味辣椒粉
　　　⋯⋯1小匙多一點
　　山椒粉⋯⋯1/3小匙
　　植物油⋯⋯100g
鹽麴（自家製 P54）⋯⋯4大匙
熟芝麻⋯⋯2大匙

可替換：鹽麴⇨ 等量的酒粕基底 + 鹽2/3小匙

作法

① 將洋蔥、大蒜、生薑都切末。蓮藕切成粗粒。

② 將步驟1放入平底鍋，加入材料A充分混合後開中火。

③ 鍋中材料開始吱吱作響時，轉小火繼續加熱5分鐘熄火。

④ 加入鹽麴與熟芝麻混合均勻，裝入保存容器。

參考保存期
冷藏二週

 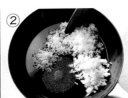  

Point　想要成品辣一點的時候，可以增加一味辣椒粉的份量。

食材檢索

從手邊的材料或喜歡的食材裡搜尋食譜。（基本調味料、配料除外）

白崎茶會／推薦食材

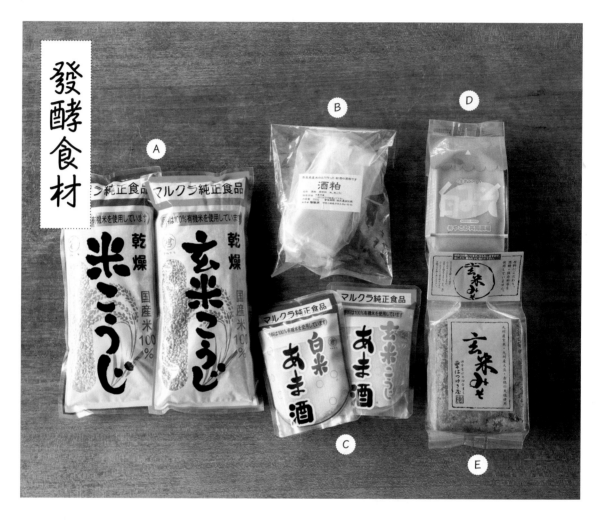

A. 乾燥白米麴／糙米麴（マルクラ食品）

B. 酒粕（陰陽洞）

C. 白米甘酒／糙米甘酒（マルクラ食品）

D. 有機白味噌（やさか共同農場）

E. 糙米味噌（はつゆき屋）

廠商資訊

マルクラ食品
☎ 086-429-1551
http://www.marukura-amazake.jp

陰陽洞
☎ 046-873-7137
https://in-yo-do.com

やさか共同農場
☎ 0855-48-2510
https://yasaka-kn.jp

はつゆき屋
☎ 0120-371-113
http://www.hatsuyukiya.co.jp

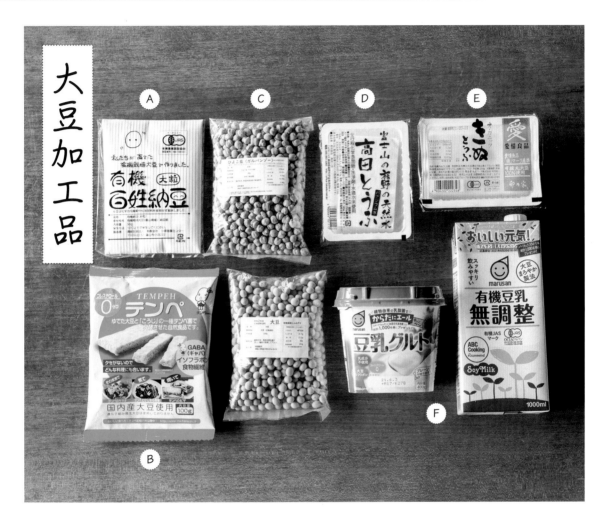

大豆加工品

A. 有機百姓納豆（小原営農センター）

B. 天貝（マルシン食品）

C. 鷹嘴豆（陰陽洞）

D. 高田豆腐（高田食品）

E. 卵乃家有機絹豆腐（大近）

F. 豆漿優格／有機豆漿無調整（マルサンアイ）

廠商資訊

小原営農センター	マルシン食品	陰陽洞 ☞ P108	高田食品	大近	マルサンアイ
☎ 076-468-0034	☎ 025-260-1155 http://www.ms-hana. co.jp		☎ 055-992-3383 http://office-takada. main.jp	☎ 0120-80-3740	☎ 0120-92-2503 http://www.marusanai. co.jp

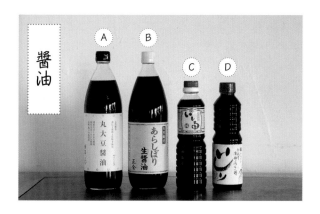

A. 丸大豆醬油（大徳醬油）
B. 初榨生醬油（正金醬油）
C. 魚露（ヤマサ商事）
D. 魚露（カネイシ）

廠商資訊

大徳醬油
☎ 079-663-4008
https://daitoku-soy.com

正金醬油
☎ 0879-82-0625
http://shokinshoyu.jp

ヤマサ商事
☎ 0768-74-0455

カネイシ
☎ 0768-74-0410
https://kaneishi.com

A. 料理用自然酒（澤田酒造）
B. 三州三河味醂（角谷文治郎商店）
C. 有機梅醋 紅／白（ムソー）

廠商資訊

澤田酒造／片山
☎ 044-541-6336

角谷文治郎商店
☎ 0566-41-0748
http://www.mikawamirin.com

ムソー
☎ 06-6945-5800
http://muso.co.jp

A. 九州一味辣椒粉（一味）
B. 有機不辣咖哩香料／
　辣味（エヌ・ハーベスト）
C. 石垣之鹽（石垣の塩）
D. 水煮鯖魚罐頭（創健社）
E. 眞昆布（陰陽洞）
F. 柴魚片（健康フース）

廠商資訊

エヴァウェイ
☎ 096-320-2431
http://www.eveway.co.jp

エヌ・ハーベスト
☎ 03-5941-3986
http://www.nharvestorganic.com

石垣の塩
☎ 0980-83-8711
http://www.ishigakinoshio.com

創健社
☎ 0120-101-702
http://www.sokensha.co.jp

陰陽洞 ☞ P108

健康フーズ
☎ 0120-187-565
http://kenkofoods.oi-shi.jp

A. Sabo 有機初榨橄欖油（ミトク）
B. FRESCOBALDI LAUDEMIO 初榨橄欖油（チェリーテラス）
C. 國産菜籽油（ムソー）
D. 壓榨一番 胡麻油（ムソー）

廠商資訊

ミトク
☎ 0120-744-441
http://www.31095.jp

チェリーテラス
☎ 0120-425668
https://www.cherryterrace.co.jp

ムソー ☞ 酒・みりん・醋

只要有發酵食品，就可以放心

不知道大家的身邊是不是也有這樣的人？

就算是相同的材料，為什麼這個人做起來就是特別美味？

難道此人擁有「創造美味的手」嗎？

例如，最初製作葉菜漬，只需要少量的鹽就可以變成漬物。

然而在此之後，開始動手作米糠床醬菜，用這雙每天攪拌米糠床的手來醃菜，

不可思議的！ 就可以做出帶著微微酸味與鮮味，

突然間變得美味非常的漬物。

以創造美味的手，不論是飯糰、或是沙拉，

連拌菜都肯定會沒有理由的變好吃。

然後，身體的狀態也越來越好，連睡眠都變好了也大有可能。

所以，請放心。

當你有說不出來的不安、提不起勁動手時，

更要去攪拌一下米糠床，做一點簡單的吃食。

就像是不說話的好朋友一般，安靜的、緩慢的多花一點時間，

我認為發酵食品一定可以帶給你健康。

最後，我想感謝替本書創造美好畫面的攝影師

青木さん、造型中里さん。

此外，設計師藤田さん、與書本編輯和田さん，

感謝兩位創造出簡潔卻令人印象深刻的設計，以及整合性超強的內容統合。

最後還有發酵定食初次於クロワッサン 雜誌連載至今七年，

一路帶領我的編輯越川さん，感謝長久以來的陪伴。

最後的最後，我要對所有參與本書製作的各位，致上我深深的謝意。

2021年6月吉日　白崎裕子

Joy Cooking

『白崎茶会的發酵定食』自製味噌、鹽麴、甘酒、泡菜、豆漿優格 ...
變化每天都能簡單實踐，對身體友善的菜單與常備菜100道

作者　白崎裕子

翻譯　許孟菡

出版者 / 出版菊文化事業有限公司　P.C. Publishing Co.

發行人　趙天德

總編輯　車東蔚

文案編輯　編輯部

美術編輯　R.C. Work Shop

台北市雨聲街 77 號 1 樓

TEL：(02) 2838-7996　　FAX：(02) 2836-0028

法律顧問　劉陽明律師　名陽法律事務所

初版日期　2022 年 2 月

定價　新台幣 380 元

ISBN-13：9789866210839　　書　號　J148

讀者專線　(02)2836-0069

www.ecook.com.tw

E-mail　service@ecook.com.tw

劃撥帳號　19260956 大境文化事業有限公司

"SHIRASAKICHAKAI NO HAKKO TEISHOKU: KARADA NI YASASHII
KONDATE TO TSUKURIOKI" by Hiroko Shirasaki
© 2021 Hiroko Shirasaki
All Rights Reserved.
Original Japanese edition published by Magazine House Co., Ltd., Tokyo.
This Complex Chinese language edition published by arrangement with
Magazine House Co., Ltd., Tokyo in care of Tuttle-Mori Agency, Inc., Tokyo.

請連結至以下表單填
寫讀者回函，　將不定
期的收到優惠通知。

『白崎茶会的發酵定食』自製味噌、鹽麴、甘酒、泡菜、
豆漿優格 ...變化每天都能簡單實踐，對身體友善的
菜單與常備菜100道

白崎裕子 著

初版 . 臺北市：出版菊文化

2022　112 面；19×26 公分（Joy Cooking 系列；148）

ISBN-13：9789866210839

1. 食譜　2. 發酵　　427.1　　　110021659

STAFF

攝影　　青木和義（マガジンハウス）
造型　　中里眞理子
設計　　藤田康平（Barber）+ 白井裕美子
編輯　　越川典子（連載負責人）
　　　　和田泰次郎（書籍負責人）
調理助手　水谷美奈子、菊池美咲、竹内よしこ
　　　　濱口ちな、白崎巴茉
食材協力　陰陽洞、菜園野の扉
製作協力　グラウクス堂